"创新设计思维"

数字媒体与艺术设计类新形态丛书

全　U0597231

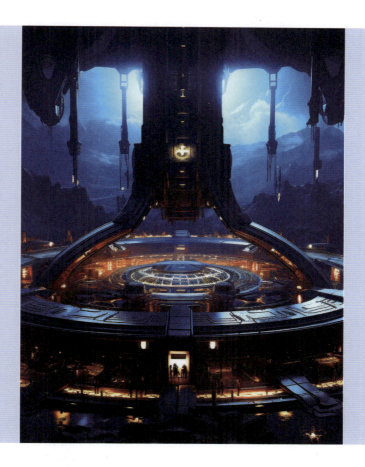

Cinema 4D R25 +Octane Render

三维建模与视觉设计

孔德镛 编著

人民邮电出版社

北　京

图书在版编目（CIP）数据

Cinema 4D R25 + Octane Render 三维建模与视觉设

计：全彩微课版 / 孔德镛编著. -- 北京：人民邮电出

版社, 2024. 8. -- ("创新设计思维"数字媒体与艺术

设计类新形态丛书). -- ISBN 978-7-115-64678-1

I. F713.36; TP391.414

中国国家版本馆 CIP 数据核字第 2024W0X631 号

内 容 提 要

本书主要讲解使用 Cinema 4D R25 进行三维视觉设计的理论知识与方法，并结合案例讲解软件的操作技巧。全书共 10 章，包括初识 Cinema 4D，Cinema 4D 多边形建模基础，Cinema 4D 样条建模基础，变形器与生成器，运动图形工具与效果器，材质、渲染与布光，Cinema 4D 动画，电商静态海报设计实战，科技流水线工厂场景制作实战，网站 B 端登录界面视觉设计实战。

本书采用知识讲解结合案例实战的思路，详细介绍软件的操作方法，帮助读者掌握 Cinema 4D 三维设计方法并提高软件操作能力。同时，所有课堂案例、综合实战案例均配有微课视频，读者可以自行扫描二维码观看。本书可作为普通高等院校数字媒体艺术、数字媒体技术、影视摄影与制作等相关专业的教材，也可作为想要从事三维建模、平面设计、电商美工等行业人员的参考用书。

◆ 编　著　孔德镛

　　责任编辑　许金霞

　　责任印制　陈　犇

◆ 人民邮电出版社出版发行　　北京市丰台区成寿寺路 11 号

　　邮编　100164　　电子邮件　315@ptpress.com.cn

　　网址　https://www.ptpress.com.cn

　　雅迪云印（天津）科技有限公司印刷

◆ 开本：787×1092　1/16

　　印张：14　　　　　　　　　2024 年 8 月第 1 版

　　字数：395 千字　　　　　　2024 年 8 月天津第 1 次印刷

定价：79.80 元

读者服务热线：(010)81055256　印装质量热线：(010)81055316

反盗版热线：(010)81055315

广告经营许可证：京东市监广登字 20170147 号

PREFACE 前言

Cinema 4D是德国MAXON公司推出的三维设计软件，在二维、三维设计领域应用非常广泛。电商设计、工业产品设计、视觉特效、广告动画、建筑表现、虚拟现实等领域都要用到它。Cinema 4D已经成为大多数数字媒体和视觉传达领域工作者和学生日常工作和学习中不可缺少的工具。

本书主要使用Cinema 4D讲解三维视觉设计的理论知识与方法，帮助读者在掌握知识的同时，也能独立制作出完整、优秀的视觉设计作品。

本书附赠所有案例的源文件、讲解视频、素材等，方便读者进行全方位的学习。本书基于Cinema 4D R25中文版进行编写，建议读者使用此版本学习。

本书特点

本书设计了知识讲解、课堂案例、本章小结、课后练习、综合案例等环节，符合读者学习知识并消化吸收知识的过程，能有效激发读者的学习兴趣，培养读者举一反三的能力。

◆ **知识讲解**：讲解每个知识点对应的软件功能、操作方法等。

◆ **课堂案例**：将本章介绍的软件功能和操作方法融入案例中进行讲解，帮助读者理解并掌握所学知识。

◆ **本章小结**：对本章的内容进行总结，回顾所学知识。

◆ **课后练习**：学习完一章后，引导读者独立完成一个案例，加深读者对本章知识的印象。

◆ **综合案例**：结合全书的内容，设计覆盖所有操作技巧的综合案例，培养读者综合应用软件的能力。

教学内容

本书以Cinema 4D软件为核心，讲解三维视觉设计的理论知识与方法。全书共10章，各章的主要内容如下。

第1章　主要介绍Cinema 4D在三维设计领域的应用，Cinema 4D作品的设计风格，视觉设计流程，软件界面功能以及常用的快捷操作与快捷键等。

第2章　主要介绍多边形建模中的基础几何体、基础建模工具、建模方法，并通过3个多边形建模案例的讲解，使读者全面掌握Cinema 4D的多边形建模技术。

第3章　主要介绍样条建模的基本思路，包括样条的创建、挤压、旋转、放样、扫描等曲面建模技术，并通过3个课堂案例使读者全面掌握Cinema 4D的样条建模技术。

第4章　主要介绍变形器与生成器，包括弯曲、膨胀、扭曲、锥化、FFD、置换、融球、晶格、阵列、对称、布料曲面、减面，并通过3个课堂案例使读者掌握变形器与生成器的使用方法。

第5章　主要介绍运动图形工具组中的"克隆"工具，简易、推散、随机效果器，以及体积生成和体积网格技术等，并通过4个课堂案例使读者掌握"克隆"工具、效果器、体积生成与体积网格的使用方法。

第6章　主要介绍材质、渲染与布光，并通过3个课堂案例详细讲解系统材质和OC材质的设定方法以及渲染的环境设定方法，使读者能通过两种方法为模型创建材质。

第7章　主要介绍动画模块，包括关键帧动画、摄像机动画、动力学动画，并通过4个课堂案例详细讲解这几种动画的制作思路和方法，使读者能够将自己的场景制作成动画。

第8~10章　共3个大型全流程综合案例，是本书最重要的部分。每一个综合案例都代表一种设计场景，包含电商海报设计、流水线工厂、B端界面视觉。这3个综合案例详细讲解模型的创建与组合、材质的设定与赋予、HDRI环境的创建、渲染的设置等内容，通过学习这3个综合案例，读者基本可以掌握三维视觉设计作品的制作方法和流程。

孔德镛

2024年8月

CONTENTS 目录

第4章 069
变形器与生成器

第5章 086
运动图形工具与效果器

第6章 105
材质、渲染与布光

第7章 Cinema 4D动画

第8章 电商静态海报设计实战

第9章 科技流水线工厂场景制作实战

第 10 章 网站B端登录界面视觉设计实战

189

第1章

1

初识Cinema 4D

本章将对Cinema 4D进行基本的介绍，使读者了解它的特点、优势和应用领域，熟悉Cinema 4D视觉设计风格与设计流程，为学习Cinema 4D打下基础。通过本章的学习，读者可以明确本书教学路径和教学方法，并对Cinema 4D有一个基本的了解。

本章思维导图

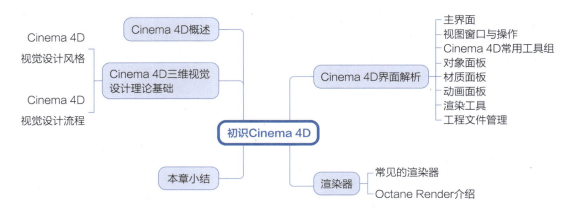

1.1 Cinema 4D概述

Cinema 4D简称C4D，是由德国MAXON公司出品的一款优秀的三维设计软件，它和3ds Max、Maya、Blender属同类软件，能应用于很多行业，具有建模、材质、灯光、动画、渲染、角色动画等方面的强大功能。

与同类设计软件相比，Cinema 4D上手较为容易，有强大的功能和良好的扩展性，其建模方法和工具更易掌握，同时有较好的渲染效果和较快的渲染速度。随着软件功能的不断加强与更新，Cinema 4D的应用领域拓展到各个行业，平面设计、电商设计、网页设计、建筑表现、工业产品设计、游戏角色设计、影视后期包装等领域都有Cinema 4D的身影。

近年来，越来越多的领域将Cinema 4D作为平面设计的工具，替代Photoshop等传统的平面设计软件。设计师直接使用三维视觉设计的方法，利用Cinema 4D出色的渲染功能，将二维、三维设计融合，完成各类视觉设计作品。

Cinema 4D相比其他三维设计软件最大的特点是上手容易、功能强大、学习曲线较为平缓，同时扩展性较强，可以配合强大的Octane Render完成高质量渲染作品。

1.2 Cinema 4D三维视觉设计理论基础

Cinema 4D是一款三维设计软件，其目标是更好地为视觉设计服务，在视觉传达和数字媒体艺术领域为设计师提供新的创意和效果。Cinema 4D能够在空间、表现、动感和镜头的运用上，实现其他同类软件无法完成的效果。随着三维视觉逐渐向二维视觉领域渗透，视觉三维化已经成为当下视觉传达主要的表现方式。

用Cinema 4D进行视觉设计的优势有以下几点。

第1点，增强创作能力。Cinema 4D能通过建模的方式将平面设计师想象中的物体在空间中呈现出来，帮助平面设计师不受平面设计工具的限制创建出复杂的图像和动画效果。

第2点，添加趣味性。Cinema 4D能增加更多表现的可能性和互动性，将传统二维的设计作品转换为三维的设计作品或动态作品，如三维标志、动态插画、动态海报等。

第3点，制作展示模型。传统的二维设计软件制作的图形只能在一个方向上渲染展示，而Cinema 4D可以在不同角度展示作品，能更好地展示产品或设计。

第4点，改善传统二维设计软件设计表现力不足的问题。Cinema 4D能使用三维模型表现抽象或真实的世界，在不同角度进行渲染，弥补了二维设计软件只能在一个维度进行设计的不足。

1.2.1 Cinema 4D视觉设计风格

Cinema 4D在视觉设计领域的创作手法多种多样，本书将Cinema 4D在视觉设计领域的设计风格分为9种：低多边形风格、等距视图小场景风格、文字特效风格、卡通场景风格、产品写实风格、建筑表现风格、电商场景风格、流水线工厂风格、B端视觉场景风格。

1. 低多边形风格

低多边形风格的特点是用较少点、线、面制作低精度的模型，最早用于提高游戏的渲染速度。随着扁平化、拟物化、长阴影等设计风格的出现，低多边形风格焕发出新的活力，成了一种艺术风格，逐渐应用于各个领域。低多边形风格在视觉上将复古的手工感和未来感、抽象感结合在一起，多以直线表现物体的体积，具有很强的视觉张力，并且注重色彩搭配。低多边形风格的场景如图1-1所示。

图1-1

2. 等距视图小场景风格

等距视图又称等轴测图，用平行投影法将空间形体连同确定其位置的空间直角坐标系沿不平行于任意坐标平面的方向投影到投影面上，所得到的图形称作轴测图。这是一种单面投影图，一个投影面上能同时反映出物体3个坐标面的形状，比较符合人们的视觉习惯，因此给人以形象、逼真、立体之感。等距视图小场景风格被广泛用于网页、插画、海报设计当中，如图1-2所示。

图1-2

3. 文字特效风格

文字作为设计中必不可少的元素，在场景中起到突出主题的作用。用Cinema 4D设计三维文字时，可以以字体本身结构为基础，拓展出各类新型的字体形态，或者将文字作为设计的主体、场景的中心。这种设计方法被广泛用于电商设计，如图1-3所示。

图1-3

4. 卡通场景风格

卡通场景风格是在建模中大量使用抽象的方法，以卡通化的视觉表现方法表现现实世界，可以追求写实，也可以追求表意，一般都以卡通角色为主题。创建卡通场景主要有两种方法：一种是完全利用想象，在场景中设计一个全新的卡通角色；另一种是利用卡通角色的正视图、右视图、顶视图，结合多边形建模和曲面建模，创造出角色。卡通场景风格的案例如图1-4所示。

图1-4

5. 产品写实风格

Cinema 4D的一个重要用途就是产品设计。在工业产品设计中，Cinema 4D的效果可以媲美Rhino。在产品设计中通常需要大量使用渲染技术体现产品细节，尤其是电商产品。在渲染前，不仅要完成模型的构建、材质的设定，还要不断地进行场景灯光的调整，尽量在细节上体现高保真的产品写实风格，如图1-5所示。

图1-5

6. 建筑表现风格

Cinema 4D同样擅长建筑视觉表现，其制作的模型精度完全可以达到建筑视觉表现要求的模型精度。在进行建筑视觉表现时，可以先用Cinema 4D建模，然后结合Unreal Engine 5的Twinmotion对模型进行渲染，生成视觉场景漫游和建筑场景渲染作品。

由Cinema 4D构建的古代建筑模型如图1-6所示。

由Cinema 4D构建的游戏建筑模型如图1-7所示。

图1-6   图1-7

7. 电商场景风格

电商场景风格是Cinema 4D最擅长的风格之一。设计人员可以发挥想象力，利用Cinema 4D强大且易于学习的建模、材质系统制作出各种炫酷的电商场景，这些场景主要应用在海报上，传达一些商业活动信息。Cinema 4D可以取代Photoshop制作海报，用三维的效果进行二维的视觉表达，其模型和材质更适合在互联网上展示，能够迅速抓住人们的眼球，宣传电商活动，如图1-8所示。

图1-8

8. 流水线工厂风格

流水线工厂风格是目前比较流行的风格。利用Cinema 4D擅长多边形建模与样条建模的特性，采用低多边形建模方法，配合样条的放样、扫描、旋转，可以生成各种管道，模拟工业场景，最后为场景添加动画，模拟产品的制作过程，以动画的效果展示整个工业产品的设计和制作流程。流水线工厂风格案例如图1-9所示。

图1-9

9. B端视觉场景风格

B端视觉场景风格主要用于网站后台的登录界面。目前网站后台UI设计的一个主流方法是以三维模型展现网站后台功能，首先创建出网站产品的模型，然后用玻璃或渐变磨砂等材质对界面进行设计，最后结合Photoshop进行界面登录按钮与表单的设计。B端视觉场景风格案例如图1-10所示。

图1-10

1.2.2　Cinema 4D视觉设计流程

视觉产品的开发和软件开发类似，包含需求分析、原型设计、整体设计、验收等流程，其中根据用户需求完成的需求分析是设计的最初参考，因此在初期可能需要手绘草图，然后多次修改，形成线稿或者设计图。

Cinema 4D的工作流程按照其五大功能模块可以分为模型的创建、材质的运用、灯光的布置、动画的制作、渲染。下面逐一进行介绍。

模型的创建：通过基础的几何体（如立方体、球体、圆柱体等），在场景中创建模型，之后使用软件提供的编辑工具和变形工具，对模型的点、边、面进行调整，使其接近于设计图。建模的过程也是对物体形体、位置进行把握的过程。

材质的运用：通过材质系统，创建不同物体的逼真材质和纹理，利用贴图、反射、折射等技巧，让物体看起来更加真实、有质感。

灯光的布置：在场景中布置灯光并设置强度、位置、阴影等参数，通过灯光的反射增加材质的真实感和清晰度，使场景更加接近于现实效果。

动画的制作：通过关键帧动画让角色动起来，利用变形器、生成器、粒子系统、布料系统等，生成各种视觉效果，完成完整的动画。

渲染：通过Octane Render提高渲染速度，增强渲染效果，为作品带来更多的创意。

以上是使用Cinema 4D进行视觉设计的基本流程，其中很多步骤不一定是按顺序进行的，有时可能会返回到上一步调整，再重新进行下一步，或交叉进行。

1.3　Cinema 4D界面解析

Cinema 4D的初始主界面由标题栏、菜单栏、工具栏、编辑模式工具栏、视图窗口、动画面板、材质面板、轴向操作区、对象面板、属性面板、建模工具栏、渲染工具等构成。下面详细介绍每个区域的功能。

1.3.1 主界面

安装好Cinema 4D后，双击桌面上的 ● 图标就可以启动软件。在软件模块加载的过程中，可以看到软件的启动界面，如图1-11所示。

图1-11

启动界面会显示软件的版本R25，同时显示模块的加载进度。启动完成后，会看到Cinema 4D的主界面，它和之前版本的主界面区别较大，如图1-12所示。主界面默认是英文，可以通过下载汉化包转换为中文界面，但是启动界面还是英文。

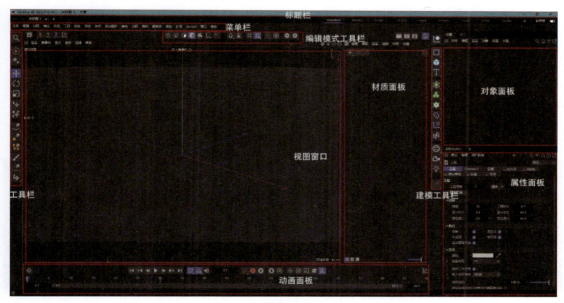

图1-12

标题栏：显示当前的软件版本、工程名称。

菜单栏：包含软件的所有功能。

视图窗口：可以查看透视视图、正视图、右视图、顶视图，一般情况下在透视视图中进行操作，后期可以切换回四视图进行其他视图的查看。

对象面板：类似Photoshop中的图层面板，包含目前场景中的所有对象和相关命令及属性，在这里可以调整对象的父子关系，进行编组、删除及重命名等操作。

编辑模式工具栏：切换可编辑对象的点、边、面等编辑模式。

属性面板：设置选中对象的坐标、细节、详细参数等。

动画面板：对操作对象进行关键帧和动画细节的设定，调整动画长度和帧数量。

　　材质面板：需要单击材质球才能展开该面板，其中显示场景中的所有材质，可以新建、删除材质。双击材质球，打开"材质编辑器"窗口，可对材质进行调整。

1.3.2 视图窗口与操作

1. 模型基础操作

　　在Cinema 4D中，对模型的基础操作包括移动、旋转、缩放，相关工具如图1-13所示。

图1-13

　　移动是在3个轴向上对模型的位置进行变换，拖动不同颜色的手柄就可以在不同的轴向上移动模型，其坐标在"坐标"选项卡中会发生相应的改变。

　　旋转是将模型本身绕模型轴心旋转一定角度，按住Shift键可以以10°为单位进行微调，旋转的角度更为精确。

　　当选中模型且使用"缩放"工具时，其每个轴向上都会出现一个黄色的点，拖动这个点就可以直接对模型进行缩放，如图1-14所示。

　　模型创建后，其点、边、面是不能修改的，也就是说模型处于不可编辑状态，需要将其转换为可编辑对象，在Cinema 4D中可以按C键进行转换。

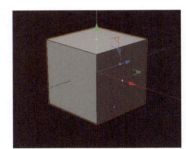

图1-14

2. 模型编辑模式

　　将模型转换为可编辑对象后，可以在编辑模式工具栏中切换点、边、面等编辑模式，如图1-15所示。

图1-15

不同编辑模式下的操作效果不同，如图1-16所示。

 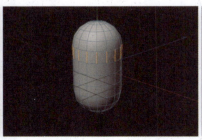 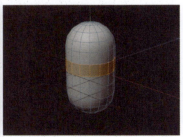

图1-16

　　当模型转换为可编辑对象后，如果要对其点、边、面进行选择，可以使用Cinema 4D提供的"实时选择""框选""套索选择""多边形选择"4个选择工具，长按工具栏中的"实时选择"工具可以展开选择工具列表，如图1-17所示。

图1-17

　　实时选择：通过单击进行点、边、面的选择，按住Shift键可以连续选择。

　　框选：用鼠标框选一个区域，即可选择这个区域内的所有点、边、面。

　　套索选择：用鼠标随意绘制一个区域，即可选择这个区域内的所有点、边、面。

多边形选择：用鼠标自由绘制一个多边形区域，即可选择这个区域内的所有点、边、面。

在Cinema 4D的对象面板中，所有对象按照创建的先后顺序显示，对象之间有不同的层级关系，包括兄弟关系、父子关系。这里着重说明一下父子关系，当把一个对象作为另一个对象的子对象时，父对象的效果会应用在子对象上；操作父对象时，子对象会随之变化。图1-18所示为具有父子关系的一些对象。

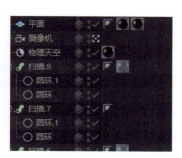

图1-18

3. 快捷操作和快捷键

Cinema 4D默认的视图组合是四视图，如图1-19所示，分别是透视视图、顶视图、右视图、正视图。可以通过单击"切换活动视图"按钮进行视图的切换，一般查看模型使用较多的是透视视图。

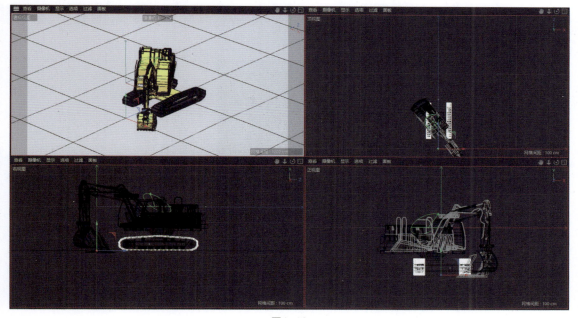

图1-19

当需要放大某个视图时，可以单击此视图右上角的"切换活动视图"按钮；当需要恢复为四视图时，再次单击此按钮即可。在使用软件的过程中，通常会用到快捷操作、快捷键，Cinema 4D的常用快捷操作、快捷键如下。

Alt+鼠标左键：旋转视图。

Alt+鼠标右键：推拉视图。

Alt+鼠标中键：平移视图。

鼠标中键：切换视图窗口。

F1：切换到透视视图。

F2：切换到顶视图。

F3：切换到右视图。

F4：切换到正视图。

E：选择"移动"工具。

T：选择"缩放"工具。

R：选择"旋转"工具。

C：将模型转换为可编辑对象。

Ctrl+R：渲染当前视图。

Ctrl+Shift+V：打开视窗面板。

U+L：循环选择。

0：选择"框选"工具。

8：选择"套索"工具。

9：选择"实时选择"工具。

用户可以选择"窗口"→"自定义布局"→"自定义面板"，打开"命令管理器"窗口，如图1-20所示。在此窗口中，用户可以修改系统默认快捷键。

建模时，模型的显示方式对我们观察模型有很大的影响，Cinema 4D视图窗口中的"显示"菜单提供了模型的不同显示方式，如图1-21所示。默认是"光影着色"，但是这样不会显示物体的轮廓线，在布线的时候无法清楚地看到物体的结构细节。若需显示物体的轮廓线，可选择"光影着色（线条）"。

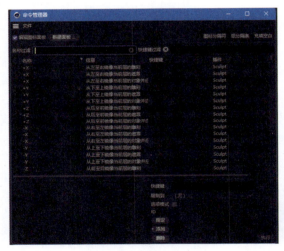

图1-20

图1-21

"光影着色"与"光影着色（线条）"的区别如图1-22所示。

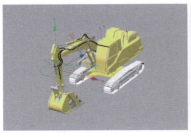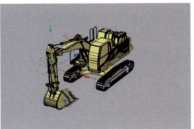

图1-22

建模时，一般选择"光影着色（线条）"。

1.3.3 Cinema 4D常用工具组

使用Cinema 4D进行设计时会用到若干工具组，下面介绍不同的工具组。

1. 参数化几何体建模工具组

参数化几何体建模工具组是多边形建模工具的集合，长按建模工具栏中的"立方体"按钮可以展开参数化几何体建模工具组，如图1-23所示。

参数化几何体建模工具组包含"立方体""圆柱体""平面""圆盘""多边形""球体""胶囊""圆锥体""人形素体""地形""油桶""金字塔""宝石体""管道""圆环面""贝赛尔""空白多边形"17个工具。在制作基础模型时，可以直接用这些工具创建基础几何体并组合。

建模的初期就是先创建基础几何体模型，然后对模型进行各类操作，得到想要的模型。因此基本上多边形建模就是从使用参数化几何体建模工具组中的工具开始的。

图1-23

2. 曲面建模工具组

有些模型是由光滑的曲面构成的，这样的曲面可以由曲线配合曲面建模工具生成。在Cinema 4D中通常采用样条画笔工具组绘制曲线，软件的工具栏中有用于绘制样条的工具，如图1-24所示。

长按"细分曲面"按钮可以展开曲面建模工具组，如图1-25所示。

图1-24

图1-25

曲面建模工具组包含"细分曲面""布料曲面""挤压""旋转""放样""扫描"等多个曲面建模工具。曲面建模工具可以从样条开始，将样条变为曲面，从而创建模型。

3. 变形器工具组

变形器工具组能对模型参数进行修改，实现几何体建模无法实现的效果。长按"弯曲"按钮可以展开变形器工具组，其中包括"弯曲""膨胀""斜切""锥化""扭曲""FFD""摄像机""修正""网格""爆炸""爆炸FX""融化""碎片""颤动""挤压&伸展""碰撞""收缩包裹""球化""Delta Mush""平滑""表面""包裹""样条""导轨""样条约束""置换""公式""变形""点缓存""风力""倒角"31个工具，如图1-26所示。

4. 运动图形工具组

运动图形工具组包含"克隆""矩阵""分裂""破碎（Voronoi）""追踪对象""运动样条""实例""运动挤压""多边形FX"9个工具。可以通过长按"克隆"按钮展开运动图形工具组，如图1-27所示。

运动图形工具组用于实现一切模型的复制与动态效果以及一些有规律的动画效果。

图1-26

图1-27

5. 体积建模工具组

体积建模工具用于将多个物体合为一个整体。在制作异形模型时，体积建模工具可以代替"布尔"工具，大幅减少制作步骤和提高模型布线流畅度。体积建模工具组通过长按"体积生成"按钮展开，其中包括"体积生成""体积网格""SDF平滑""雾平滑""矢量平滑"5个工具，如图1-28所示。

图1-28

1.3.4 对象面板

Cinema 4D主界面的右侧是对象面板，所有在场景中创建的对象都可以在对象面板中找到，可以在这里清晰地看到对象之间的关系。在场景中选中某个对象，该对象会以高亮的黄色在对象面板中显示，便于查找。

图1-29

同时，对象之间的关系以树形结构展示，对象之间有父子关系、兄弟关系。当一个对象是另一个对象的子对象时，父对象的效果就会作用到子对象上；移动父对象时，子对象也会被移动；删除父对象时，子对象也会被删除。对象面板如图1-29所示。

当对象之间不再需要父子关系的时候，或者说父对象下的子对象很多，需要将其合并为一个对象时，需要用到一个非常重要的功能，即"连接对象+删除"。右击需要合并的对象后，在弹出的快捷菜单中选择"连接对象+删除"，如图1-30所示，就可以把父对象和其所有的子对象合并为一个对象。

图1-30

1.3.5 材质面板

在材质面板中可以看到目前场景中所有已经创建好的材质，双击材质面板的空白区域可以新建材质球，双击材质球会弹出"材质编辑器"窗口，在其中可调节材质的各种属性，如图1-31所示。

图1-31

1.3.6　动画面板

动画面板位于主界面底部，用来设定动画和调节动画效果。其功能包括动画长度、关键帧的设定，动画的播放、暂停、向前播放、向后播放等，如图1-32所示。在此面板中对关键帧进行记录后，在场景中调整对象的位置等属性，单击"向前播放"按钮，就可以产生动画。

图1-32

1.3.7　渲染工具

渲染工具包含3个按钮，分别是"渲染活动视图""渲染到图像查看器""编辑渲染设置"按钮，如图1-33所示。

图1-33

"渲染活动视图"按钮用于将目前视图内的整个场景渲染到软件视图窗口中，如图1-34所示。

单击"渲染到图像查看器"按钮将打开一个新窗口，可在其中渲染目前的场景，如图1-35所示。在这个窗口中，可以对渲染的图片进行保存输出、格式调整，还可以渲染动画。

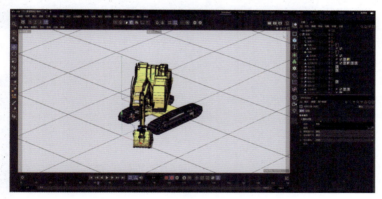

图1-34

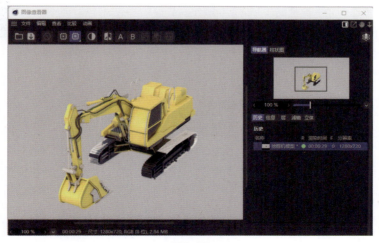

图1-35

单击"编辑渲染设置"按钮将打开"渲染设置"窗口，在其中可以设置渲染图像的分辨率等参数，具体参数将在第6章介绍。"渲染设置"窗口如图1-36所示。

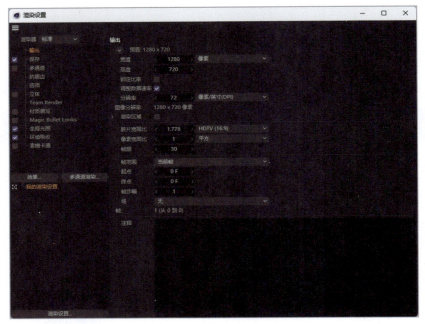

图1-36

1.3.8 工程文件管理

"文件"菜单主要用来导入、导出、保存项目，如图1-37所示。Cinema 4D
的文件扩展名默认为.c4d，也可以按其他三维软件的通用格式（如.obj、.fbx
等）导出文件。

"文件"菜单中的主要功能如下。

新建项目：创建一个新的项目。

打开项目：打开已保存的项目。

最近打开：查看最近打开过的项目。

合并项目：将两个或者多个项目合并。

保存项目：保存当前的项目。

另存项目为：将当前的项目保存到另一个文件夹中。

图1-37

1.4 渲染器

在Cinema 4D中，默认的渲染器是系统自带的标准渲染器，其渲染效果和渲染速度已经无法
满足如今的设计要求。因此，在Cinema 4D的可扩展特性的支持下，衍生出了很多的渲染器插
件，如Arnold、RedShift、Octane Render、V-Ray、Corona等。

1.4.1 常见的渲染器

启动Cinema 4D，打开"渲染设置"窗口，可以看到默认的渲染器是标准渲染器。在该窗口
中可以切换渲染器的渲染方式，如使用CPU还是GPU渲染。"渲染器"下拉列表中包含标准、物
理等Cinema 4D自带的渲染器，其他的渲染器都是以插件形式使用的。

标准渲染器：Cinema 4D的默认渲染器，优点是操作简单，不用安装额外插件，可以直接使用；缺点是渲染速度慢，效果不佳，没有实时预览功能。标准渲染器的窗口和效果如图1-38所示。

图1-38

Octane Render：简称OC，是一款基于GPU的渲染器，目前支持N卡，也就是NVIDIA的显卡，不支持AMD的显卡和集成显卡。如果读者的计算机无法使用OC，那么可以参考第6章关于软件本身的材质设定进行学习。标准材质可以转换为OC材质，方法是选择OC渲染窗口的菜单栏中的"材质"→"Convert Materials"，OC渲染窗口和渲染效果如图1-39所示。

图1-39

Arnold渲染器：它是基于物理算法的电影级别渲染器，渲染真实度高，有实时渲染功能，支持CPU渲染，不强制要求显卡类型，缺点是上手难度较大。

V-Ray和Corona：这两款渲染器主要应用于室内设计，其应用范围不如前几款广。

1.4.2　Octane Render介绍

Octane Render是目前效果最好的渲染器之一，渲染速度快。配置好OC后，Cinema 4D的菜单栏中就会出现"Octane"菜单，如图1-40所示。

目前OC比较稳定的版本是3.07，英文版本比较稳定，所以本书使用英文版进行范例的讲解。同时配合使用OC 3.07和Cinema 4D R21，这样的搭配性能比较稳定。由于OC中很多的参数无法进行翻

图1-40

译，因此一般情况下使用英文原版，这样参数更为准确。在使用OC之前，需要打开"Octane Settings"窗口进行默认参数的修改。

OC的渲染窗口可以通过选择"Octane"→"Live Viewer Window"（实时查看窗口）打开。因为是实时渲染，所以一般将OC的渲染窗口和视图窗口并排放置，这样在进行视图操作的时候，OC渲染窗口会实时地产生渲染结果，方便查看，如图1-41所示。

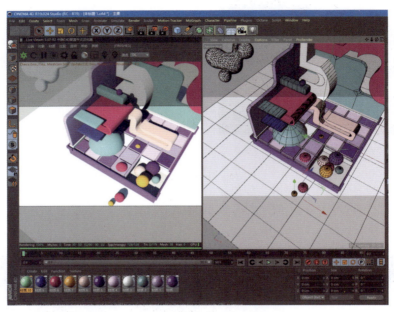

图1-41

1.5 本章小结

本章主要介绍了Cinema 4D在三维视觉设计领域的独特优势、Cinema 4D视觉设计风格与设计流程，并介绍了软件的界面布局和各区域的功能，以及渲染器。本章内容可为读者的Cinema 4D学习之旅打下基础。

第 2 章

2

Cinema 4D
多边形建模基础

本章介绍Cinema 4D多边形建模基础，包括多边形建模思路，点、边、面编辑模式，参数化几何体建模的方法，多边形建模常用工具的应用，以及3个介绍多边形建模流程的案例等内容。通过本章的学习，读者可掌握Cinema 4D的多边形建模技术。

本章思维导图

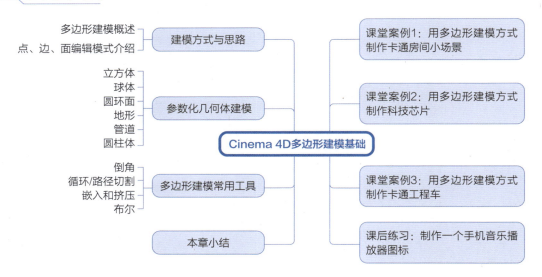

2.1　建模方式与思路

常见的建模方式有多边形建模（Polygon Modeling）、曲面建模（NURBS Modeling）、参数化建模（Parametric Modeling）、逆向建模（Reverse Modeling）。多边形建模是如今主流的两大建模方式之一，即通过将一个对象转换为可编辑的多边形对象，然后调整其点、边、面的方法来构建所需模型。建模过程中会用到很多多边形建模工具。

2.1.1　多边形建模概述

Cinema 4D的编辑模式包括点模式、边模式、面模式、模型模式4种，相应按钮如图2-1所示。

图2-1

创建模型后，只能在模型模式下调整模型大小。如果要调整模型点、边、面的位置，则必须先将模型转换为可编辑对象，然后分别在点模式、边模式、面模式下进行调整。这时在模型的某个位置右击，可以展开相应编辑模式下的多边形建模工具。

多边形建模的基本思路：根据物体的大致形状，在参数化几何体建模工具组中选择对应的工具，例如如果是硬表面方形物体，则选择"立方体"工具，如果是环形物体，则选择"管道"或"圆环面"工具；在对象面板中单击模型名称，随后按C键，将对应模型转换为可编辑对象；选择点模式、边模式、面模式三者之一对模型进行调整；切换到模型模式，查看模型的布线是否合理。

2.1.2　点、边、面编辑模式介绍

一个模型被转换为可编辑对象后，才能进行点、边、面的调整。当选择点模式时，对象所有的点都可以被操作，一般情况下使用"移动"工具来调整点的位置，从而调整模型的形状。

切换到边模式后，可以选中模型的边进行操作，最基础的操作是移动边。在边上右击，会出现建模工具，其中最常用的是"倒角"工具。倒角是在一条边的左右两侧，为其增加若干条新的边，使这条边变得更加圆滑。同时，还可以使用"循环/路径切割"工具为模型增加新的边。边模式下的常用工具如图2-2所示。

切换到面模式后，可以选中模型的面进行操作，最基础的操作是移动面。在面模式下，常用的工具是"嵌入"和"挤压"工具，"挤压"工具可以将原有的面向上或者向下挤压出新的面，"嵌入"工具可以对面进行缩小和放大。面模式下的常用工具如图2-3所示。

图2-2

图2-3

点模式、边模式、面模式下的多边形建模工具并不是独立的，大部分是通用的。在不同编辑模式下操作的区别如图2-4所示。

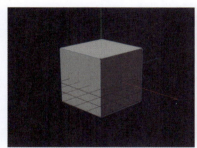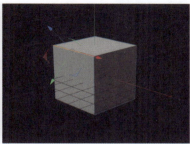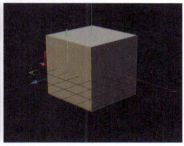
图2-4

在多边形建模中最常用的工具是"嵌入""挤压""循环/路径切割"工具，因此本章会着重对这几个工具进行讲解。

2.2　参数化几何体建模

长按建模工具栏中的"立方体"按钮后，会弹出参数化几何体建模工具组，如图2-5所示。选择其中的几何体工具，就可在场景中创建出对应的模型。

2.2.1　立方体

"立方体"工具是参数化几何体建模工具组中最常用的工具之一。现实世界中的很多物体都可以由立方体经过一定的挤压、拉伸得到。创建一个立方体后，其属性面板如图2-6所示。

图2-5

立方体参数介绍

尺寸.X：设置立方体在x轴方向的尺寸。

分段X：设置立方体在x轴方向的分段数。

尺寸.Y：设置立方体在y轴方向的尺寸。

分段Y：设置立方体在y轴方向的分段数。

尺寸.Z：设置立方体在z轴方向的尺寸。

分段Z：设置立方体在z轴方向的分段数。

圆角：勾选后每个角都变为圆角。

圆角半径：设置圆角的大小。

圆角细分：设置圆角边的细分数，细分数越多，越圆滑。

在场景中新建一个立方体，尺寸为默认尺寸，然后将其复制3个，调整每个立方体的尺寸和位置，形成一个低多边形树的形状，如图2-7所示。

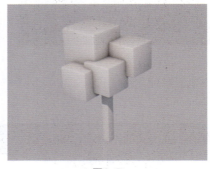

图2-6 　　　　　　　　　　　　　　　图2-7

💡 **提　示**

在本书中，所有立方体的尺寸表示为（尺寸.X，尺寸.Y，尺寸.Z）。例如，尺寸（100cm，100cm，100cm）就相当于尺寸.X为100cm、尺寸.Y为100cm、尺寸.Z为100cm。

2.2.2　球体

"球体"工具是参数化几何体建模工具组中用来构建光滑对称物体最常用的工具之一。球体布线均匀，通过挤压、拉伸可以制作出曲面与多边形结合的物体。创建一个球体后，在属性面板中可以看到其参数，如图2-8所示。

图2-8

球体参数介绍

半径：设置球体的大小。

分段：分段数越少，球体越接近于多边形；分段数越多，球体越光滑。

类型：球体的类型分为"标准""四面体""六面体""八面体""十二面体""半球体"。

例如，创建一个球体，设置其"半径"为60cm、"分段"为10、"类型"为"六面体"，可以看到这个球体类似于低多边形地球的形状，选中某些面挤压，效果如图2-9所示。

图2-9

2.2.3　圆环面

"圆环面"是具有圆环半径和导管半径的物体，其内部参数在"对象""切片"两个选项卡中，如图2-10所示。

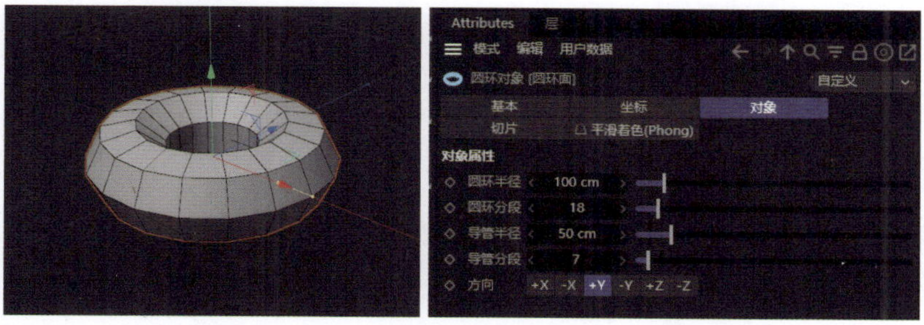

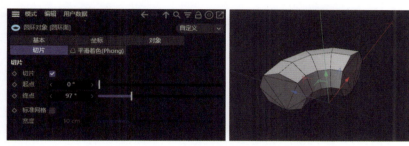

图2-10

圆环面参数介绍

圆环半径：设置圆环整体的大小。

圆环分段：分段的多少决定圆环的光滑程度。

导管半径：设置整个圆环的粗细程度。

导管分段：设置整个圆环的分段数。

　　在"切片"选项卡中，可以按照起始角度（即"起点"）和终止角度（即"终点"），生成非360°封闭的圆环。例如，设置"起点"为0°、"终点"为97°，就生成了圆环的一部分，如图2-11所示。该方法可以用来制作很多特殊效果。

图2-11

2.2.4　地形

　　"地形"工具可以用来制作地面，通过调整参数，可以模拟真实的地形或者生成低多边形地形，如山脉、海洋等。该工具尤其适合在制作游戏地形时使用。创建好的地形及相应参数设置如图2-12所示。

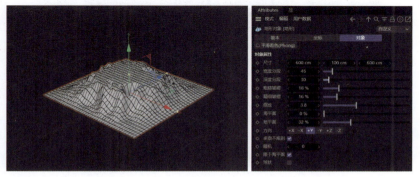

图2-12

地形参数介绍

尺寸：设置地形的长度、宽度、深度。

宽度分段：设置宽度方向上地形的平滑程度。

深度分段：设置深度方向上地形的平滑程度。

在实际建模中，"地形"工具主要配合变形器使用，在创建样条文字、场景波纹效果时能发挥较大的作用。

2.2.5　管道

"管道"类似于圆柱体，但是其中间是空的，既有外部半径又有内部半径，类似于现实生活中的管道。创建好的管道及相应参数设置如图2-13所示。

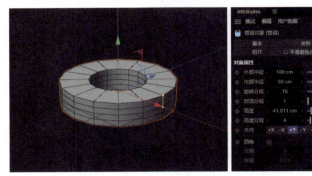

图2-13

管道参数介绍

外部半径：设置管道外部的半径。

内部半径：设置管道内部的半径。

旋转分段：设置轴向上的分段数。

封顶分段：设置顶部分段数。

高度：设置管道的高度。

高度分段：设置高度方向上的分段数。

在"切片"选项卡中，可以按照起始角度和终止角度生成非360°封闭的管道。例如，设置"起点"为0°、"终点"为258°，这时就生成了一个非完整不闭合的管道，如图2-14所示。该方法可以用来制作很多特殊效果。

图2-14

2.2.6　圆柱体

"圆柱体"仅次于立方体，是最常用的几何体之一，其体积主要由"半径"和"高度"决定，在半径和高度方向上可以设定分段数，并且支持"切片"。创建好的圆柱体及相应参数设置如图2-15所示。

圆柱体参数介绍

半径：设置圆柱体的半径。

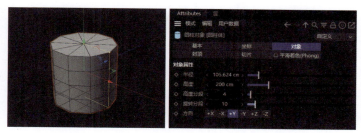

图2-15

高度：设置圆柱体的高度。

高度分段：设置高度方向上的分段数。

旋转分段：设置半径方向上的分段数。

在"切片"选项卡中，可以按照起始角度和终止角度生成非360°封闭的圆柱体。例如，设置"起点"为62°、"终点"为312°，就生成了一个非完整不闭合的圆柱体，如图2-16所示。该方法可以用来制作很多特殊效果。

图2-16

2.3　多边形建模常用工具

在多边形建模的过程中，需要调整点、边、面，因此常用到"倒角""循环/路径切割""嵌入""挤压""布尔"等工具。本节对多边形建模中常用的几种工具进行详细讲解。

2.3.1　倒角

在现实世界中，很多物体的边界不是完全锋利的，而是有一定的光滑过渡。"倒角"工具的功能就是在一条边的两侧增加两条边，同时也就增加了两个面，这样物体的边界就不是锋利的，而是有了过渡。增加倒角的细分数，这个边界就变成了圆滑的。倒角的参数设置和效果如图2-17所示。

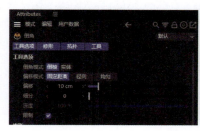

图2-17

当模型被转换为可编辑对象后，在边模式下，右击，在弹出的快捷菜单中选择"倒角"，就可以在属性面板中看到倒角的参数。

一般会用到以下两个参数。

偏移：设置倒角的尺寸。

细分：设置倒角的光滑程度。

2.3.2 循环/路径切割

"循环/路径切割"工具的功能是在模型的某一个循环面之内卡一条线出来，又叫作"卡线"。在初期布线不够精细的情况下，可以利用"循环/路径切割"工具在模型上增加一条布线，便于调整模型。通过在可编辑状态下右击，在弹出的快捷菜单中选择"循环/路径切割"，模型表面会自动生成一圈线，单击即可新增一圈线，这样点、边、面都会增加，完成卡线后，按空格键可以结束操作，效果如图2-18所示。

"循环/路径切割"工具对细分曲面模型尤为有用，卡线后，可以不断调整模型的光滑度和精细度。

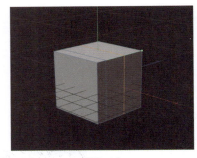

图2-18

当对一个立方体进行"细分曲面"操作后，立方体接近于球体，这时在边界卡线，就会让立方体的曲率减小，让立方体更接近于具有光滑边缘的物体，但仍保持方形。图2-19展示了一个细分曲面模型在卡线前后的变化，展示了"循环/路径切割"工具的使用效果。

图2-19

2.3.3 嵌入和挤压

"嵌入"工具在早期版本的软件中被称作"内部挤压"，是在面模式下使用的工具，其功能是在一个面的内部挤压出一个小的面。"嵌入"工具一般配合"挤压"工具进行使用。"嵌入"工具和"挤压"工具的属性面板如图2-20所示。

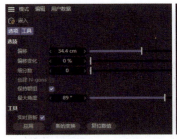
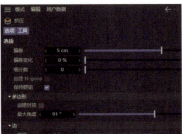

图2-20

当执行"嵌入"后，可在原有的面内部收缩出一个新的面，收缩出的面的大小由"嵌入"工具的"偏移"参数决定，效果如图2-21所示。

当执行"挤压"后，可将一个面整体向上升一定的距离，这个距离由"挤压"工具的"偏移"参数决定，效果如图2-22所示。

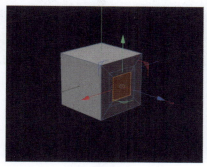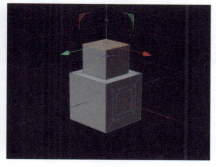

图2-21　　　　　　　　　　　　　　　图2-22

"挤压"工具和"嵌入"工具经常配合使用。选择某个面后，右击，在弹出的快捷菜单中选择"嵌入"后，拖曳鼠标，根据拖曳的方向不同，可以向内收缩或者向外扩展。形成的新面是在旧面的基础上产生的。然后在嵌入产生的面上右击，在弹出的快捷菜单中选择"挤压"，就可以将这个面向上或者向下挤压。这里注意，挤压的时候需要按住Ctrl键。

2.3.4　布尔

"布尔"指的是布尔运算，需要对两个模型进行操作，主要用于在模型中挖洞，以及在模型之间进行穿插。"布尔"工具的属性面板如图2-23所示。

创建"布尔"对象后，需要将进行布尔运算的两个模型作为"布尔"对象的子对象，这样两个模型就可以进行布尔运算。

进行布尔运算的模型分为A模型和B模型，A模型为元模型，需要被另一个模型进行布尔运算，B模型是进行布尔运算的那个模型。元模型在上，运算模型在下，如图2-24所示。

图2-23　　　　　　　　　　　　　　　图2-24

进行布尔运算前需要在"布尔"对象中进行类型选择，布尔运算的类型包括"A加B""A减B""AB交集""AB补集"4种，如图2-25所示。

4种布尔运算的结果如图2-26所示。左一是"A加B"的效果，等于在立方体上附加一个球体；左二是"A减B"的效果，等于在立方体上挖一个洞；左三是"AB交集"的效果，是取立方体和球体相交区域形成的模型；最后一张图是"AB补集"的效果。

图2-25

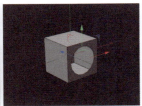

图2-26

2.4 课堂案例1：用多边形建模方式制作卡通房间小场景

资源位置

素材文件　素材文件>CH02>课堂案例1：用多边形建模方式制作卡通房间小场景

实例文件　实例文件>CH02>课堂案例1：用多边形建模方式制作卡通房间小场景.c4d

视频文件　视频文件>CH02>课堂案例1：用多边形建模方式制作卡通房间小场景.mp4

技术掌握　多边形建模工具的使用

用多边形建模方式
制作卡通房间小场景

本节通过制作一个卡通房间小场景，对多边形建模的过程进行实践，场景最终效果如图2-27所示。

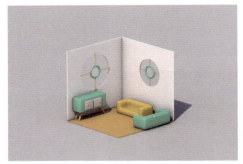

图2-27

（1）启动Cinema 4D，单击"立方体"按钮，在场景中创建一个立方体，调整其尺寸为（300cm，300cm，5cm）。将立方体放在场景地面上，作为卡通房间的地面，之后将其复制两份，旋转90°后放在地面两条相邻边的位置，形成地面与两个墙体的模型，如图2-28所示。

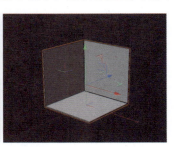

图2-28

（2）创建一个圆柱体，设置"半径"为60cm，将其穿过左侧墙体放置；随后创建一个"布尔"对象，设置"布尔类型"为"A减B"，将左侧墙体和这个圆柱体作为"布尔"对象的子对象，给左侧的墙体开一个窗户，参数设置如图2-29所示，效果如图2-30所示。

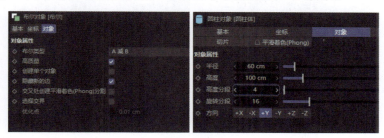

图2-29

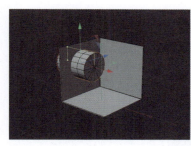
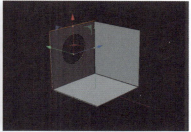

图2-30

（3）采用同样的方法，在右侧墙体上开一个洞，作为右侧墙体的窗户，如图2-31所示。

（4）创建两个圆环面，调整其"圆环半径"为24cm、"导管半径"为4cm；再创建8个细圆柱体，旋转后分别放在圆环面的上、下、左、右4个位置，形成窗户的栅条，如图2-32所示。

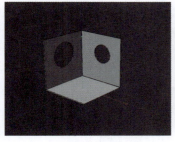
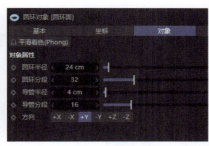

图2-31　　　　　　　　　　　　　　　　　　　图2-32

（5）创建一个立方体作为柜子，设置其尺寸为（70cm，70cm，150cm），将其转换为可编辑对象；切换到边模式，选择所有边，执行"倒角"，设置倒角的"偏移"为7cm、"细分"为3，如图2-33所示。

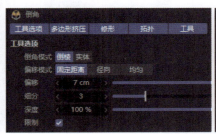

图2-33

（6）创建两个立方体，将其调整为柜子的门大小，设置"圆角半径"为8cm、"圆角细分"为3；创建两个球体，将其调整为柜子门把手的大小，放在柜子门把手的位置，如图2-34所示。

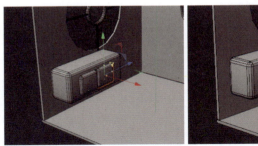

图2-34

（7）创建一个立方体，设置其尺寸为（150 cm，25cm，70cm），将其作为沙发的坐垫部分，并摆放到右侧墙体的窗户下方，如图2-35所示。

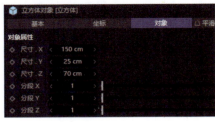

图2-35

（8）将上一步创建的立方体转换为可编辑对象，切换到边模式，执行"循环/路径切割"，切出3条循环边，循环边的位置如图2-36所示。

（9）切换到面模式，选中立方体顶部的部分面，执行"挤压"，向上挤压20cm，如图2-37所示。

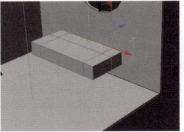

图2-36   图2-37

（10）创建一个"细分曲面"对象，将上一步创建的模型作为"细分曲面"对象的子对象，变为曲面对象，如图2-38所示。

图2-38

　　（11）执行"循环/路径切割"，在面塌陷严重的地方切出一些循环边，让模型更接近现实生活中的沙发，如图2-39所示。

　　（12）第6章会详细讲解材质，读者在本章只需要进行建模。在场景中创建一个"物理天空"，在"渲染设置"窗口中勾选"全局光照"和"环境吸收"，单击"渲染到图像查看器"按钮，渲染场景，最终的效果如图2-40所示。

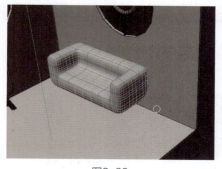

图2-39

图2-40

2.5　课堂案例2：用多边形建模方式制作科技芯片

资源位置

素材文件	素材文件>CH02>课堂案例2：用多边形建模方式制作科技芯片
实例文件	实例文件>CH02>课堂案例2：用多边形建模方式制作科技芯片.c4d
视频文件	视频文件>CH02>课堂案例2：用多边形建模方式制作科技芯片.mp4
技术掌握	多边形建模工具的使用

用多边形建模
方式制作科技芯片

　　根据本章所讲内容，使用参数化几何体建模工具和多边形建模常用工具制作一个科技芯片的模型，最终效果如图2-41所示。

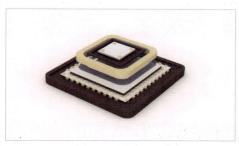

图2-41

　　（1）启动Cinema 4D，在场景中新建一个立方体，设置尺寸为（200cm，15cm，200cm），如图2-42所示。

　　（2）将立方体转换为可编辑对象，切换到面模式，选择顶部的面，执行"嵌入"，向下挤压3cm；之后在下陷的面上再次执行"嵌入"，向上挤压3cm；在顶部的面上再次执行"嵌入"，向上挤压3cm，如图2-43所示。

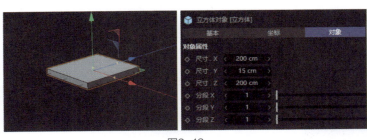
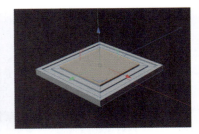

图2-42   图2-43

（3）切换到边模式，选中4个角的边，执行"倒角"，设置"偏移"为15cm、"细分"为5，如图2-44所示。

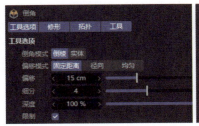

图2-44

（4）创建一个立方体，并修改尺寸，将其转换为可编辑对象；切换到边模式，执行"循环/路径切割"，添加两条循环边，如图2-45所示。

（5）切换到面模式，选中新创建的立方体中间的面，执行"挤压"，向内挤压3cm，如图2-46所示。

（6）切换到模型模式，将上两步做好的模型缩小并复制，围绕中心面按顺序摆放，多次操作后的效果如图2-47所示。目前使用手动的方式复制并摆放，在第5章后，就可以使用克隆的方式完成对象的复制工作。

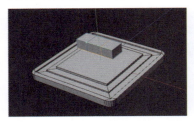
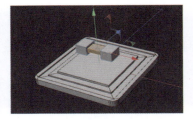

图2-45   图2-46   图2-47

（7）在场景中新建一个立方体，调整尺寸为（120cm，10cm，120cm），将其转换为可编辑对象；切换到边模式，选中4个角的边，执行"倒角"，设置"偏移"为5cm、"细分"为5，如图2-48所示。

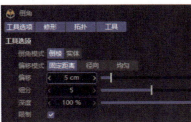

图2-48

（8）将上一步制作的立方体复制一份，缩小一些并增加高度，向上移动10cm，穿过下面的立方体，如图2-49所示。

（9）新建一个"布尔"对象，将上两步制作的立方体作为"布尔"对象的子对象，执行"A减B"运算，将对象变为中空的结构，如图2-50所示。

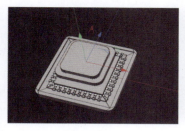 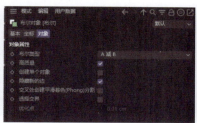 

图2-49　　　　　　　　　　　　　　图2-50

（10）创建一个立方体，调整其尺寸为（80cm，80cm，3cm），如图2-51所示。

（11）切换到面模式，选中顶部的面，执行"嵌入""挤压"组合操作，向内生成新的面并将其向下挤压2cm，如图2-52所示。

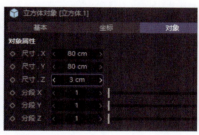  

图2-51　　　　　　　　　　　　　　图2-52

（12）创建一个立方体，调整其尺寸为（50cm，50cm，3cm），将其放置在顶部，如图2-53所示。

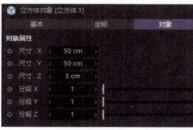 

图2-53

（13）创建4个"半径"为3cm、"高度"为5cm的圆柱体，放在顶部立方体的4个角处，作为螺丝钉，如图2-54所示。

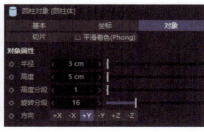 

图2-54

（14）给芯片的不同部件赋予不同材质，在场景中添加一个"物理天空"，在"渲染设置"窗口中勾选"全局光照"和"环境吸收"，单击"渲染到图像查看器"按钮，最终渲染效果如图2-55所示。

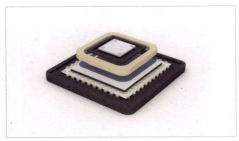

图2-55

2.6 课堂案例3：用多边形建模方式制作卡通工程车

资源位置

素材文件	素材文件>CH02>课堂案例3：用多边形建模方式制作卡通工程车
实例文件	实例文件>CH02>课堂案例3：用多边形建模方式制作卡通工程车.c4d
视频文件	视频文件>CH02>课堂案例3：用多边形建模方式制作卡通工程车.mp4
技术掌握	多边形建模工具的使用

用多边形建模方式
制作卡通工程车

本案例用多边形建模方式制作一个卡通工程车的模型，效果如图2-56所示。

图2-56

（1）启动Cinema 4D，在场景中新建一个立方体，其尺寸为（200cm，15cm，200cm），将其作为驾驶室模型的底座，如图2-57所示。

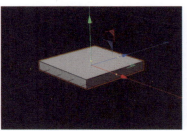

图2-57

（2）将立方体转换为可编辑对象，选中其顶面，执行"挤压"，向上挤压20cm；选择"缩放"工具，将顶面沿着y轴方向缩小，如图2-58所示。

（3）再次执行"挤压"，将顶面向上挤压50cm，并沿着y轴方向缩小，如图2-59所示。

（4）切换到面模式，选择模型正面和侧面两个面，执行"嵌入""挤压"组合操作，先向内嵌入2cm，再向内挤压5cm，如图2-60所示。

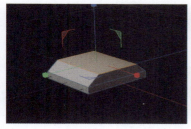
图2-58

图2-59

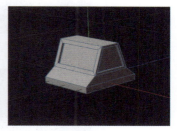
图2-60

（5）制作车灯部分。创建一个立方体，调整其尺寸为（80cm，40cm，200cm），将其转换为可编辑对象；切换到边模式，执行"循环/路径切割"，在前面的部分添加两条循环边，如图2-61所示。

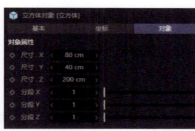
图2-61

（6）选中循环边中间底部的面，向下挤压40cm，如图2-62所示。

（7）切换到点模式，调整挤压出的面的点，使其形状如图2-63所示。

（8）切换到面模式，选择模型前面的面，执行"嵌入""挤压"组合操作，向内嵌入2cm，再向内挤压3cm，形成车灯玻璃罩内部的形状，如图2-64所示。

图2-62

图2-63

图2-64

（9）将制作好的车灯部分复制一份，移动到车体右侧。在场景中创建一个立方体，调整其尺寸为（320cm，220cm，35cm），将其放置在两个车灯中间作为车体发动机，如图2-65所示。

（10）创建一个立方体，调整其尺寸为（200cm，270cm，35cm），将其作为车体发动机前部的格栅板，如图2-66所示。

图2-65

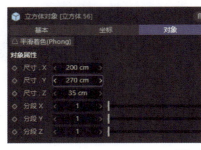
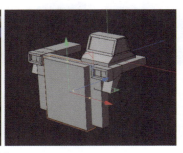

图2-66

（11）将上一步创建的模型转换为可编辑对象，选中最前面的面，执行"嵌入""挤压"组合操作，先向内嵌入5cm，再向内部挤压5cm，如图2-67所示。

（12）创建一个立方体作为格栅，调整其尺寸为（200cm，35cm，10cm），执行"旋转"，将其旋转45°，如图2-68所示。

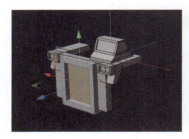
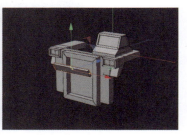

图2-67   图2-68

（13）选择创建好的格栅，将其复制3份，竖直排列，如图2-69所示。

（14）创建一个立方体，调整其尺寸为（320cm，200cm，200cm），将其放置在驾驶室下方，作为车体主体，如图2-70所示。

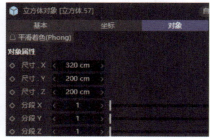

图2-69   图2-70

（15）切换到面模式，选择格栅板底部的面，执行"挤压"，将其向下挤压5cm，如图2-71所示。

（16）选择上一步挤出部分前方的面，执行"挤压"，向前挤压10cm，如图2-72所示。

图2-71　　　　　　　　　　　　　图2-72

（17）创建一个立方体，调整其尺寸为（400cm，200cm，500cm），将其放置在车体主体后部的位置，作为车厢，如图2-73所示。

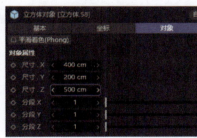
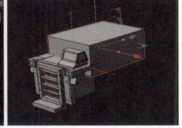

图2-73

（18）将上一步创建的立方体转换为可编辑对象，切换到边模式，执行"循环/路径切割"，为其添加4条循环边，纵向3条，横向1条，循环边的位置如图2-74所示。

（19）选择上一步制作的模型前方的面，沿z轴方向向外挤压15cm，如图2-75所示。

（20）切换到右视图，调整车厢整体的布线，按照图2-76所示的布线调整点的位置。

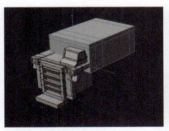
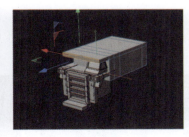
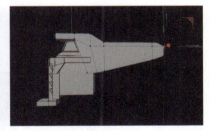

图2-74　　　　　　　　　　图2-75　　　　　　　　　　图2-76

（21）选择车厢顶部所有的面，执行"嵌入""挤压"组合操作，先向内嵌入5cm，再向下挤压4cm，如图2-77所示。

（22）选择上一步车厢顶部挤压出的两个面，执行"嵌入""挤压"组合操作，先向内嵌入2cm，再向下挤压3cm，如图2-78所示。

（23）创建一个圆柱体，设置其"半径"为100cm、"高度"为80cm、"高度分段"为1、"旋转分段"为16，调整"方向"为"－X"，将其作为轮胎，如图2-79所示。

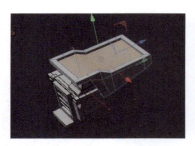

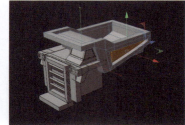

图2-77   图2-78

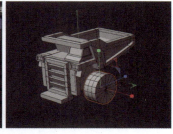

图2-79

（24）切换到边模式，循环选择轮胎的左右两圈边，执行"倒角"，设置倒角"偏移"为16cm、"细分"为4，如图2-80所示。

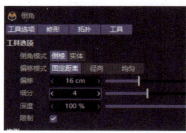

图2-80

（25）选中轮胎的侧面，执行"嵌入""挤压"组合操作，向内嵌入一个面，尺寸略小；再次执行"嵌入""挤压"组合操作，向内挤压5cm；继续执行"嵌入""挤压"组合操作，向外挤压7cm，挤出轮胎轴的形状，如图2-81所示。

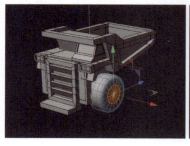

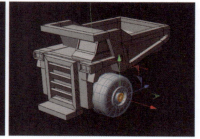

图2-81

（26）切换到面模式，选中轮胎外侧中心的一圈面，执行"挤压"，注意这里不勾选"保持群组"，这样才能单独对每个面进行挤压，如图2-82所示。

图2-82

（27）将制作好的轮胎复制一份，放在同一侧；复制同一侧的两个轮胎，绕轴旋转180°，再放置在另一侧，如图2-83所示。

（28）创建一个立方体，将其调整得比较纤细（尺寸读者可以自己定义），作为车体驾驶室周围的栏杆，复制若干并摆放好，如图2-84所示。

图2-83　　　　　　　　　　　　　　图2-84

（29）将上一步创建的立方体复制若干，调整尺寸和摆放好，放在车体前面，作为梯子，如图2-85所示。

（30）创建一个圆柱体，"半径"为10cm，"高度"为10cm，"方向"为"+Z"，将其复制3份，放在车体正前方作为车灯的模型，如图2-86所示。

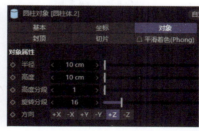

图2-85　　　　　　　　　　　　　　图2-86

（31）新建3个材质，颜色分别为黄色、白色和灰色，将材质赋予工程车模型的不同部分；给场景创建一个"物理天空"，然后勾选"全局光照"和"环境吸收"，单击"渲染到图像查看器"按钮，渲染后的效果如图2-87所示。

图2-87

2.7 本章小结

本章详细讲解了Cinema 4D中的多边形建模方式，点、边、面模式下的建模工具及其应用，部分参数化几何体建模工具的使用方法；还通过3个案例介绍了多边形建模的整个流程，使读者为今后制作复杂的模型奠定坚实的基础。

2.8 课后练习：制作一个手机音乐播放器图标

资源位置	
素材文件	素材文件>CH02>课后练习：制作一个手机音乐播放器图标
实例文件	实例文件>CH02>课后练习：制作一个手机音乐播放器图标.c4d
视频文件	视频文件>CH02>课后练习：制作一个手机音乐播放器图标.mp4
技术掌握	多边形建模工具的使用

制作一个手机音乐
播放器图标

用多边形建模方式制作一个手机音乐播放器的三维图标，效果如图2-88所示。

图2-88

（1）启动Cinema 4D，在场景中新建一个圆柱体，设置其"半径"为50 cm、"高度"为15 cm、"方向"为"+Z"、"旋转分段"为16，将其转换为可编辑对象，如图2-89所示。

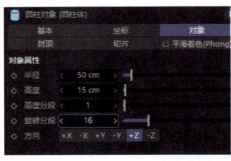
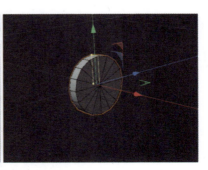

图2-89

（2）选中圆柱体顶部的全部面，执行"挤压"，向外挤出20cm。再次执行"挤压"，使用"缩放"工具将这个挤压出的面缩小，如图2-90所示。

（3）将选中的面向内嵌入，然后向内挤压3cm，如图2-91所示。

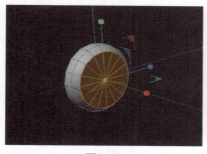 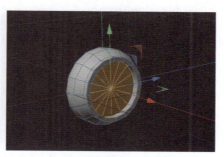

图2-90　　　　　　　　　　　　　　图2-91

（4）先将选中的面向内嵌入，向外挤压5cm，再将选中的面向内嵌入，向内挤压。重复这一步操作，做出3级结构，如图2-92所示。

 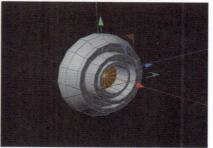

图2-92

（5）创建一个"细分曲面"对象，其参数设置保持默认，将上一步创建好的模型作为"细分曲面"对象的子对象，效果如图2-93所示。

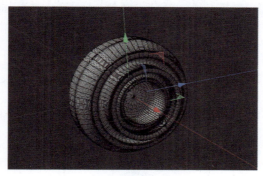

图2-93

（6）创建一个立方体，调整其尺寸为（20cm，20cm，80cm）、"分段Z"为2，将其转换为可编辑对象。调整左右两边的点，将其缩小；选中前面的面，取消勾选"保持群组"，将前面的面向内嵌入，随后向内挤压5cm，如图2-94所示。

（7）创建一个圆环面，设置其"圆环半径"为50cm、"圆环分段"为32、"导管半径"为1cm、"导管分段"为16，将其旋转45°并调整位置，如图2-95所示。

（8）创建一个圆环面，设置其"圆环半径"为6cm、"圆环分段"为32、"导管半径"为2cm、"导管分段"为16，并复制一个，水平旋转90°，与第一个圆环面穿插，如图2-96所示。

图2-94

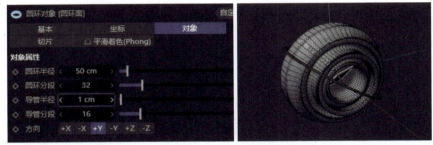

图2-95

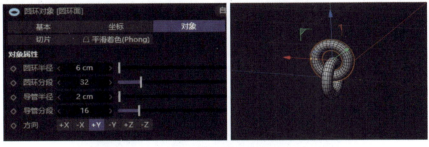

图2-96

（9）调整图标各部件位置并添加材质，在场景中加入"物理天空"，在"渲染设置"窗口中勾选"全局光照"和"环境吸收"，单击"渲染到图像查看器"按钮，渲染后的效果如图2-97所示。

图2-97

第3章

Cinema 4D
样条建模基础

样条建模是Cinema 4D中建模的另一个重要分支，仅使用多边形建模显然无法满足曲面模型的创建需求，此时就需要样条的辅助。绘制样条，用旋转、放样、扫描等方法生成曲面，进而生成模型。这就是样条建模的基本思路，同时也是曲面建模的基本方法。样条需要配合曲面建模工具组使用，单纯的样条是不能被渲染的，因此本章除了介绍样条的绘制方法之外，还会介绍曲面建模工具组的使用方法。

本章思维导图

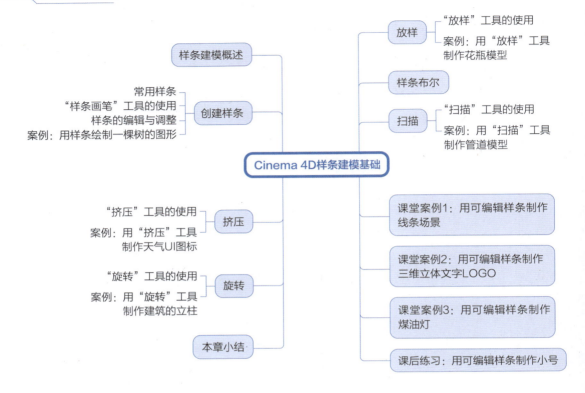

3.1 样条建模概述

　　样条是三维空间中的一条曲线，技术上称为Spline（基本样条），它至少经过两个点。样条是一种平滑的曲线，是曲面建模的基础。样条建模的流程从绘制样条开始，而后利用曲面建模工具创建NURBS曲面，从而得到模型。曲面建模适用于创建具有光滑表面的模型，显示建筑、工程、产品及其他工业对象的模型。

　　进行样条建模时一般先使用"样条画笔"工具创建样条，随后对样条进行编辑，如调整点、创建点，使用"刚性插值""柔性插值"和"倒角"工具进行调整，最后使用曲面建模工具将样条变为NURBS曲面，从而生成三维模型。

　　曲面建模工具组在Cinema 4D的建模工具栏中，长按"细分曲面"按钮可以展开曲面建模工具组，如图3-1所示。

　　下面介绍曲面建模工具组中的"挤压""旋转""放样""扫描""细分曲面"这5个工具。"挤压"工具可以让样条有厚度，成为曲面模型；"旋转"工具让剖面样条沿某个旋转轴旋转生成曲面模型；"放样"工具是根据不同形状的样条，在样条之间生成曲面模型；"扫描"工具将一个样条沿着另一个样条及轨道进

图3-1

行不断复制，生成曲面模型。

　　要想将样条变为曲面，就需要使用上面的这几种工具，先绘制好样条，再用这几种工具创建相应对象，将样条作为这些对象的子对象，就可以执行将样条转换为曲面的操作。样条建模的过程就是将曲线变为曲面的过程，这是设计师最常用的建模方法。

　　曲面建模工具组中的"细分曲面"工具比较特殊，它是用来对通过多边形建模得到的模型进行曲面化的，可以将通过多边形建模得到的硬表面模型进行光滑处理，以得到更贴近现实世界的模型。

3.2　创建样条

　　Cinema 4D 的样条类似于 Illustrator 中的矢量曲线。长按工具栏中的"样条画笔"按钮，展开样条画笔工具组，如图3-2所示。

图3-2

　　样条画笔工具组包括"样条画笔""草绘""样条弧线工具""平滑样条"4个工具，最常用的是"样条画笔"工具。"样条画笔"工具可以绘制任意形状的样条，是自由的设计工具，其绘制的二维曲线的形状不受约束，可以封闭也可以不封闭，拐角处可以是尖锐的，也可以是圆滑的；"草绘"工具绘制的曲线没有贝塞尔曲线的手柄，可以直接使用鼠标进行绘制，精确度较差，因此很少使用该工具；"样条弧线工具"专门用来调整已经绘制好的样条上的点的曲率和位置，属于修改类工具；"平滑样条"工具类似于一个刷子，用来把转角尖锐的地方修改得较为圆滑，也属于修改类工具。

3.2.1　常用样条

　　Cinema 4D 提供了14种常用的样条，可以直接使用，分别是"弧线""圆环""螺旋线""多边""矩形""四边""蔓叶线""齿轮""摆线""花瓣形""轮廓""星形""公式""空白样条"，如图3-3所示。

　　下面对 Cinema 4D 中的常用样条进行简要的介绍。

图3-3

　　弧线：用于绘制圆弧，单击后生成四分之一圆弧，可以调整"开始角度"和"结束角度"，生成长度不同的圆弧。

　　圆环：用于绘制圆形样条，可以通过"半径"参数调整圆环的大小。

　　螺旋线：用于绘制螺旋样条，可以通过"起始半径""终点半径"参数调整螺旋线的起始半径和终点半径。

　　多边：用于绘制多边形样条，可以通过"侧边"参数来控制多边形的边数。

　　矩形：用于绘制矩形、正方形样条。

　　四边：用于绘制平行四边形样条，默认是菱形样条。

　　蔓叶线：用于绘制由终点相同、对称的两条弧线组成的图形，可以调整"宽度"和"张力"参数。

　　齿轮：用于绘制齿轮样条，调整参数可以改变齿轮的齿数。

　　摆线：用于绘制摆线，调整参数可以改变摆线的曲率和半径。

　　花瓣形：用于绘制花瓣形状，默认是8片花瓣，可以调整花瓣数量。

　　轮廓：用于绘制一个中空的文字 H 形状。

星形：用于绘制星形样条，可以调整"点"参数绘制顶点数量不同的星形样条。

公式：用于绘制正弦、余弦、正切等用公式生成的函数图像。

空白样条：用于创建一个空的样条。

这些样条都有一个共同点——不能被渲染，不是实体模型。它们必须配合曲面建模工具（如"挤压""放样""旋转""扫描"工具）来形成体积，才能成为NURBS曲面模型，从而被渲染。样条一般被当作子对象来使用。以上样条中，最常用的是矩形样条，因此下面以矩形样条为例讲解常用参数的意义。

单击"矩形"按钮，创建一个图3-4所示的矩形样条。

矩形样条的属性面板如图3-5所示，常用参数如下。

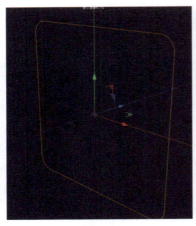

图3-4

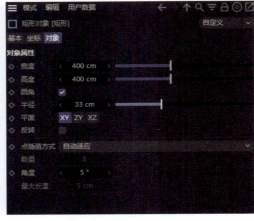

图3-5

在属性面板中，可以调整矩形样条的"宽度""高度"参数，从而调整矩形样条大小。若勾选"圆角"，则这个矩形样条的4个顶点会变圆滑。在该面板，还可以修改"圆角"的"半径"，"半径"越大，矩形样条越接近圆形样条。

平面：代表矩形样条的方向，根据建模的要求来确定。XY、ZY、XZ分别表示矩形样条所在的平面，默认的XY平面是垂直于水平面的。

反转：勾选"反转"后，点的顺序就会发生反转，这在模型模式下是看不到的，需要将样条转换为可编辑样条。按C键将矩形样条转换为可编辑样条，可以看到矩形样条的点，反转后代表这个样条的起点和终点的环绕方式从顺时针变为了逆时针。在实际建模中，这种调整对于生成不同方向的非闭合样条有着重要的意义，后面的案例中会详细讲解。

点插值方式：代表点的排布方式，一般使用"自动适应"和"统一"，这两种点插值方式的区别主要在于点的分布不同，"统一"点插值方式使每个点平均分布在整个样条上。在实际建模中，一般将"点插值方式"调整为"统一"。

在实际建模中，系统提供的样条并不一定是我们需要的，因此需要手动对其形状进行调整。将初始样条转换为可编辑样条，转换的方法是在对象面板单击需要转换的样条，然后按C键。此时，矩形样条的每个点都可以在点模式下进行操作，通过右击样条上的某个点，使用样条编辑工具调整，可以调整某个点的位置和某段曲线的曲率，这样就实现了可编辑样条的调整。图3-6所示为对一个多边形样条的某一个点进行倒角，使其从直线变为曲线。

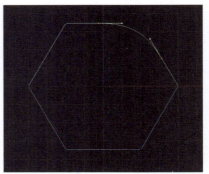

图3-6

▎3.2.2　"样条画笔"工具的使用

　　"样条画笔"工具有5种类型，分别是"线性""立方""Akima""B-样条""贝塞尔"，
"样条钢笔"工具默认的类型为"贝塞尔"。"贝塞尔"类型的"样条画笔"工具和Photoshop、
Illustrator中的钢笔工具类似，单击创建一个点，移动鼠标在另一个位置单击，会生成一条直线
段。在多个位置单击，则可以生成折线。某些模型硬边缘的样条就可以通过"样条画笔"工具来
绘制，如图3-7所示。"样条画笔"工具的使用技巧需要在绘制过程中不断积累与体会。

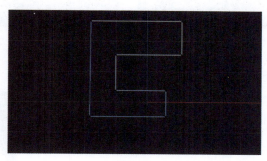

图3-7

　　下面主要介绍绘制曲线常用的"贝塞尔"类型和"B-样条"类型的"样条画笔"工具。
　　使用"贝塞尔"类型的"样条画笔"工具绘制曲线：当确定一个点后，按住鼠标左键不放并
拖曳，会生成带手柄的贝塞尔曲线，拖曳手柄可以调整曲线的曲率，在适当的位置松开鼠标左
键；移动鼠标时可预览下一段曲线的曲率，在合适的位置单击，使用此方法继续绘制即可，如
图3-8所示。

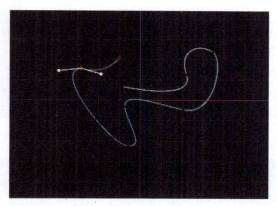

图3-8

　　当曲线曲率变化较大时，需要调整某个手柄的方向，这时可以按住Shift键，选择单个手柄
进行调整，这样可以大幅度调整曲线的曲率，甚至可以完成曲直的变换，此方法在实际建模中经
常使用，如图3-9所示。
　　使用"B-样条"类型的"样条画笔"工具绘制曲线："B-样条"类型的"样条画笔"工具和"贝
塞尔"类型完全不同，用它绘制的曲线上没有手柄，通过调整曲线的走向直接确定曲率的大小；
用它绘制的点都在样条外侧，直接调整点的位置就可以调整样条；绘制完成后，可以通过曲线旁
边的黑色的点调整曲线的曲率，如图3-10所示。

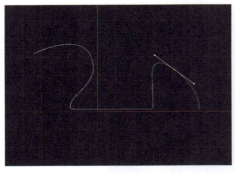

图3-9

图3-10

3.2.3 样条的编辑与调整

Cinema 4D中有若干工具可以对样条进行调整，右击可编辑样条上的某个点，将显示样条编辑工具，如图3-11所示。

这里详细介绍几个常用的样条编辑工具。

倒角：与多边形建模中的"倒角"工具类似，在样条建模中，用于将某个样条从直线段变为曲线。在绘制180°圆弧时，可以先绘制直线段，再执行"倒角"并增大参数值，使其成为标准半圆弧，如图3-12所示。

创建点：选择"创建点"后，在样条上单击，就可以增加一个点，这个点上会出现手柄，可以调整新建的点在样条中的位置和样条的曲率。

曲线调节：在创建点过程的画笔模式下，单击曲线上的点，就会出现两个手柄，用来调节曲线，如图3-13所示。

柔性插值/刚性插值：想要将一段曲线修改得更为平滑，则需要使用"柔性插值"；如果要使一段曲线更接近于直线段，则使用"刚性插值"。当对某个点使用"柔性插值"后，这个点的前后就变成了曲线，调整曲线手柄就可以调整曲线的曲率；而对某个点使用"刚性插值"后，这个点的前后就变成了直线段。"刚性插值"和"柔性插值"的区别如图3-14所示。

图3-11

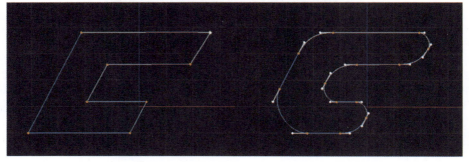

图3-12

曲线闭合：在建模过程中，如果绘制的样条没有闭合，则无法正常进行挤压、放样等操作。在属性面板中勾选"闭合样条"，所绘制的样条就会自动闭合，如图3-15和图3-16所示。

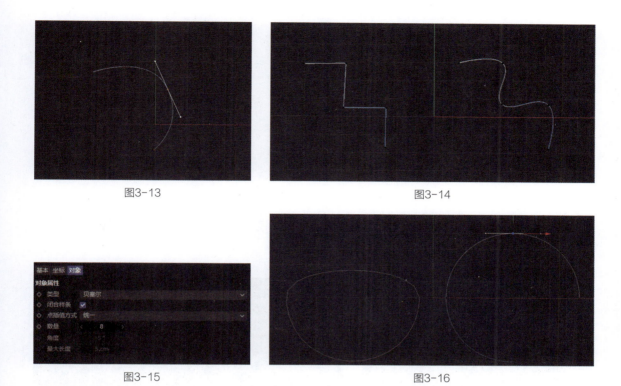

图3-13　　　　　　　　　　　　　　　　　　　图3-14

图3-15　　　　　　　　　　　　　　　　　　　图3-16

　　创建轮廓：当创建好一个样条后，右击样条，在弹出的快捷菜单中选择"创建轮廓"，可以将这个样条等比例放大或者缩小，在原有样条周围形成一个轮廓，如图3-17所示，此方法在实践中经常会用到。

　　当需要删除闭合样条上的某个点时，执行删除点操作可能会出现两种情况：一种情况是删除其中一个点后，样条依旧是闭合的，只是因为点的减少，曲率发生了变化；另一种情况是删除点后，在样条的属性面板中取消勾选"闭合样条"，此时样条不再闭合，如图3-18所示。

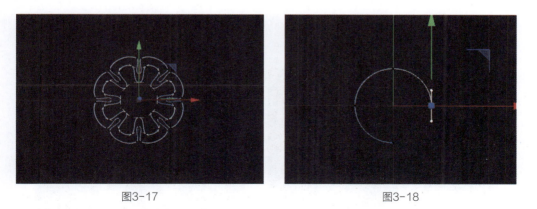

图3-17　　　　　　　　　　　　　　　　　　　图3-18

　　在Cinema 4D中，样条的起点与其他点有明显的区别，样条从起点到终点的颜色由白色过渡为蓝色。读者在制作模型的时候可以通过在点模式下修改起点来修改模型，样条起点不同，制作出来的模型也不同。后面的模型制作实践中会详细阐述修改样条起点的作用。

3.2.4 案例：用样条绘制一棵树的图形

资源位置

素材文件　素材文件>CH03>案例：用样条绘制一棵树的图形
实例文件　实例文件>CH03>案例：用样条绘制一棵树的图形.c4d
视频文件　视频文件>CH03>案例：用样条绘制一棵树的图形.mp4
技术掌握　可编辑样条的绘制技巧

用样条绘制一棵树
的图形

　　下面通过绘制一棵树的图形来介绍"样条画笔"工具的使用，案例的最终效果如图3-19所示。
　　（1）启动Cinema 4D，切换到正视图，选择"样条画笔"工具，设置"类型"为"贝塞尔"，如图3-20所示。

图3-19

图3-20

　　（2）绘制第一条曲线，第一个拐点处的曲率发生较大变化，可以按住Shift键，然后在曲线的末端绘制一条直线段，产生锋利的转角，绘制树叶的一部分，如图3-21所示。
　　（3）用同样的方式继续绘制树叶，当绘制到树叶底部时，拖动手柄调整弧线，形成半圆弧，如图3-22所示。

图3-21

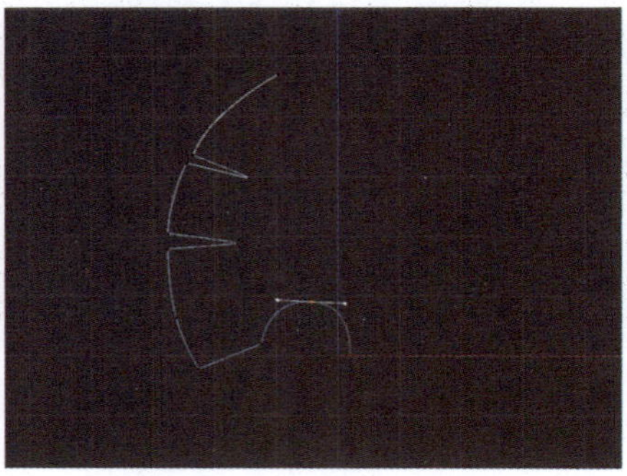

图3-22

　　（4）用同样的方法绘制树叶的另一侧，直到曲线封闭，如图3-23所示。
　　（5）这样就完成了一片树叶的绘制，将其复制5份，调整大小和点的位置，形成不同样式的树叶。绘制树干，并将树叶放置在合适的位置，最终效果如图3-24所示。

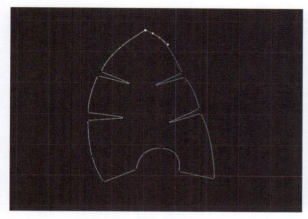

图3-23

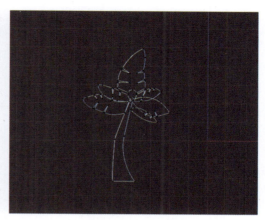

图3-24

3.3 挤压

　　"挤压"工具可以将一条闭合的样条实体化，使样条产生厚度，实体化的样条就是模型，可以直接被渲染。因此，只要创建好了闭合样条，就可以直接通过"挤压"工具生成模型。

3.3.1 "挤压"工具的使用

　　"挤压"工具在曲面建模工具组中，使用"挤压"工具创建"挤压"对象后，将样条作为"挤压"对象的子对象，这样样条就有了厚度。挤压参数如图3-25所示。

　　绘制图3-26所示的样条，然后执行"挤压"，调整"方向"为"自动"、"偏移"为100cm、"细分数"为3，挤压后的效果如图3-27所示。

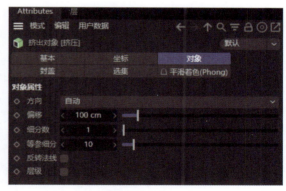

图3-25

图3-26

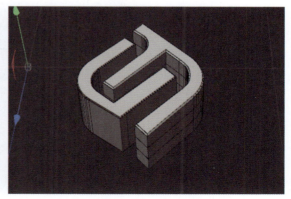

图3-27

挤压参数介绍

偏移：分别在x、y、z轴向上对样条进行挤压，数值越大，样条在该轴向上越厚。

细分数：在挤压后，可以调整厚度上的细分数，便于进行更细致的调整。

起点封盖/终点封盖：默认勾选，挤出的模型的顶面和底面是封闭的。

独立斜角控制：勾选后，可以单独设置起点和终点的倒角效果。

封盖：封盖有两种类型，分别为"起点封盖"和"终点封盖"。"起点封盖"表示保持挤压出的模型的顶面封闭，底面没有封闭，而"终点封盖"则相反。

多边形选集：勾选后，对象面板中会出现该选集的图标，选集可以帮助用户快速选取区域，赋予材质。

倒角外形：设置模型的倒角样式，有"圆角""曲线""实体""步幅"4种样式。

尺寸：设置倒角的尺寸。

分段：设置倒角的分段数，分段数越多，倒角越光滑。

挤压出的模型依然可以使用多边形建模中的"嵌入"工具，挤压等操作可以对模型进行更细致的刻画。

3.3.2 案例：用"挤压"工具制作天气UI图标

资源位置	
素材文件	素材文件>CH03>案例：用"挤压"工具制作天气UI图标
实例文件	实例文件>CH03>案例：用"挤压"工具制作天气UI图标.c4d
视频文件	视频文件>CH03>案例：用"挤压"工具制作天气UI图标.mp4
技术掌握	使用"挤压"工具制作三维UI图标

用"挤压"工具
制作天气UI图标

使用"挤压"工具完成一个三维的天气UI图标的制作，最终效果如图3-28所示。

图3-28

（1）在正视图中绘制一个矩形样条，调整矩形样条为长方形样条，在其两边分别绘制两个圆环样条，在两个圆环样条之间绘制一个大圆环样条，如图3-29所示。

（2）单击"样条布尔"按钮，创建一个"样条布尔"对象，将上一步绘制的所有样条作为"样条布尔"对象的子对象，效果如图3-30所示。

（3）挤压上一步生成的样条，设置"偏移"为40cm，调整封盖的"倒角外形"为"圆角"，设置"尺寸"为7cm、"分段"为3，效果如图3-31所示。

（4）创建一个圆环样条，对其执行"挤压"，形成图标中间的圆柱体部分；调整圆柱体的厚度，将其放置在云朵的中心位置，并调整圆柱体封盖的"倒角外形"为"圆角"，设置"尺寸"为4cm、"分段"为3，效果如图3-32所示。

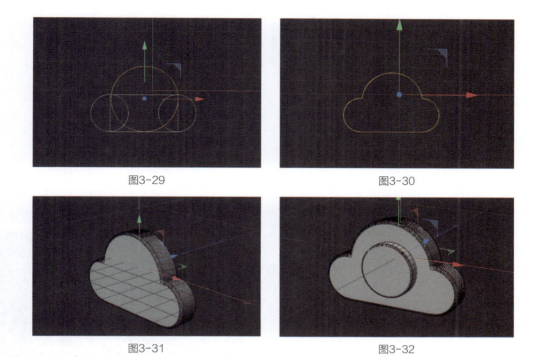

图3-29　　　　　　　　　　　　　　　图3-30

图3-31　　　　　　　　　　　　　　　图3-32

（5）将上一步绘制的圆柱体模型复制一份，调整大小，放置在整体模型正中间，如图3-33所示。

（6）使用"样条画笔"工具在正视图中绘制雷电形状，如图3-34所示。

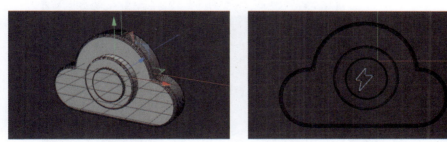

图3-33　　　　　　　　　　　　　　　图3-34

（7）对上一步绘制的雷电形状执行"挤压"，调整封盖的"倒角外形"为"圆角"，设置"尺寸"为3cm、"分段"为3，效果如图3-35所示。

（8）在场景中添加一个"物理天空"，同时在"渲染设置"窗口中勾选"全局光照"与"环境吸收"，单击"渲染到图像查看器"按钮，渲染后的效果如图3-36所示。

图3-35　　　　　　　　　　　　　　　图3-36

3.4 旋转

"旋转"工具可以将剖面样条旋转一定的角度，从而生成三维模型。因此在使用"旋转"工具前，要先绘制需要旋转的样条，然后创建"旋转"对象，再调整参数，生成模型。

3.4.1 "旋转"工具的使用

"挤压"工具是在竖直方向上对样条进行体积生成，而"旋转"工具是以全局坐标系原点为中心，将样条按照一定的角度旋转进行体积生成。

例如，创建一个花瓶的剖面样条，使用"旋转"工具让样条沿着对称轴旋转360°，这样就生成了一个花瓶的模型。旋转参数如图3-37所示。

常用旋转参数介绍

角度：角度不同，旋转生成的模型的完整度不同。

细分数：设置旋转复制的面数量。

使用"旋转"工具时，首先绘制样条，然后创建"旋转"对象，将样条作为"旋转"对象的子对象，调整旋转参数，就可以生成旋转体，如图3-38所示。

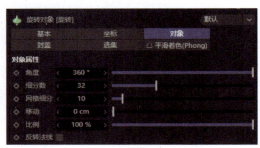

图3-37

图3-38

3.4.2 案例：用"旋转"工具制作建筑的立柱

资源位置

素材文件	素材文件>CH03>案例：用"旋转"工具制作建筑的立柱
实例文件	实例文件>CH03>案例：用"旋转"工具制作建筑的立柱.c4d
视频文件	视频文件>CH03>案例：用"旋转"工具制作建筑的立柱.mp4
技术掌握	"旋转"工具的使用

用"旋转"工具
制作建筑的立柱

　　本小节使用"样条画笔"工具和"旋转"工具制作一个欧式立柱，最终效果如图3-39所示。

　　（1）启动Cinema 4D，切换到正视图，使用"样条画笔"工具绘制欧式立柱的剖面样条，绘制时样条的起点和终点要与坐标轴对齐，绘制过程可参考"样条画笔"工具的讲解部分，绘制完成的样条如图3-40所示。

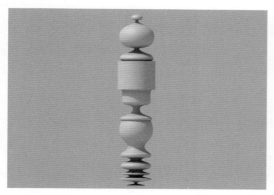 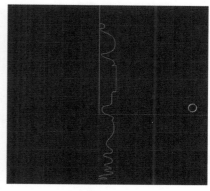

图3-39　　　　　　　　　　　　　　　　图3-40

　　（2）创建一个"旋转"对象，将上一步创建的样条作为"旋转"对象的子对象，旋转的参数设置和旋转生成的欧式立柱如图3-41所示。

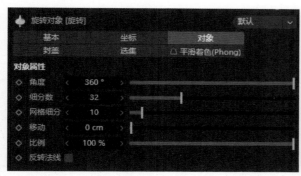 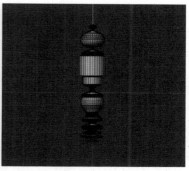

图3-41

　　（3）在场景中创建一个"物理天空"，在"渲染设置"窗口中勾选"全局光照"和"环境吸收"，单击"渲染到图像查看器"按钮，最终效果如图3-42所示。

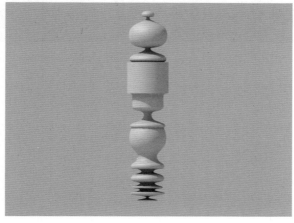

图3-42

3.5 放样

"放样"工具使用多个样条作为剖面样条,将若干剖面样条连接起来,从而生成模型。剖面样条按照从上到下的顺序连接,例如,创建一个圆环样条和一个星形样条,星形样条在上,圆环样条在下,放样生成的模型底面是圆环,顶面是星形,中间是过渡性质的封闭曲面。因此只要能够对模型的剖面样条进行绘制,将其放在不同的位置并进行放样,就可以完成模型的创建任务了。

3.5.1 "放样"工具的使用

在使用"放样"工具前,要了解制作的模型的大致剖面数和剖面形状,一般模型形状变化较大的地方的剖面样条形状不同,可以根据剖面的特性绘制一定数量的剖面样条,之后再进行放样。放样参数如图3-43所示。

放样参数介绍

网孔细分U:设置两个样条间封闭曲面的纵向细分数。

网孔细分V:设置两个样条间封闭曲面的横向细分数。

网格细分U:设置顶面的细分数。

起点封盖:设置放样开始的位置是否闭合。

终点封盖:设置放样结束的位置是否闭合。

创建"放样"对象,将若干剖面样条按照顺序排列,作为"放样"对象的子对象,按照从上到下的顺序在这些样条之间生成曲面,最后生成一个完整的模型。

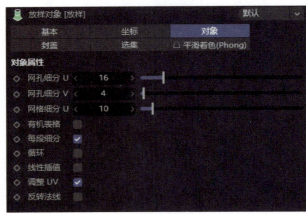

图3-43

3.5.2 案例:用"放样"工具制作花瓶模型

资源位置

素材文件	素材文件>CH03>案例:用"放样"工具制作花瓶模型
实例文件	实例文件>CH03>案例:用"放样"工具制作花瓶模型.c4d
视频文件	视频文件>CH03>案例:用"放样"工具制作花瓶模型.mp4
技术掌握	"放样"工具的使用

用"放样"工具
制作花瓶模型

　　本小节讲解如何使用"放样"工具制作一个花瓶模型，加深读者对"放样"工具的理解，最终效果如图3-44所示。

图3-44

　　（1）启动Cinema 4D，创建7个圆环样条，将它们在同轴上纵向排列，随后调整每个圆环样条的半径，如图3-45所示。

　　（2）创建一个"放样"对象，将上一步创建的7个圆环样条全部作为"放样"对象的子对象，顺序是从上到下，如图3-46所示。"放样"对象会在每个样条之间生成面，最后将所有面结合在一起。

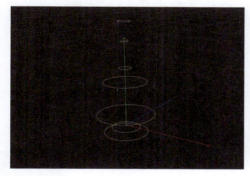

图3-45

图3-46

　　（3）所有样条形成面后，花瓶模型就形成了，此时修改任何一个样条，花瓶模型对应部分的体积就会随之发生变化。渲染后本案例的最终效果如图3-47所示。

图3-47

3.6 扫描

"扫描"工具是最常用的曲面建模工具之一，可以根据一个轨道用多个样条来进行体积生成，适用于各种模型的制作。

3.6.1 "扫描"工具的使用

使用"扫描"工具至少需要两个样条，一个作为轨道，一个作为扫描面。在创建时一般先创建轨道，随后创建扫描面的样条。

扫描参数和示例如图3-48所示。

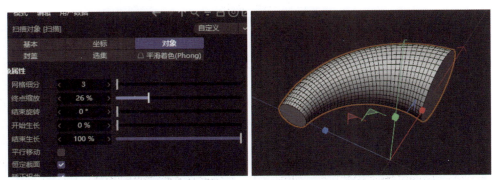

图3-48

扫描参数介绍

网格细分：控制细分的数量。

终点缩放：修改参数值时，终点的样条会进行缩放，扫描出的模型就会出现起点和终点大小不一致的效果，达到创建特殊模型的目的。

结束旋转：修改参数值时，模型的长度会随着"结束旋转"值的减小而变短。

开始生长：设置开始扫描的位置。

结束生长：设置扫描结束的位置。

将两个样条同时作为"扫描"对象的子对象，如图3-49所示，这里是将"样条"对象作为轨道，将"圆环"对象作为扫描面进行扫描的。

图3-49

3.6.2 案例：用"扫描"工具制作管道模型

资源位置

素材文件	素材文件>CH03>案例：用"扫描"工具制作管道模型
实例文件	实例文件>CH03>案例：用"扫描"工具制作管道模型.c4d
视频文件	视频文件>CH03>案例：用"扫描"工具制作管道模型.mp4
技术掌握	"扫描"工具的使用

用"扫描"工具
制作管道模型

本小节讲解如何使用"扫描"工具制作一个管道模型，加深读者对"扫描"工具的理解，最终效果如图3-50所示。

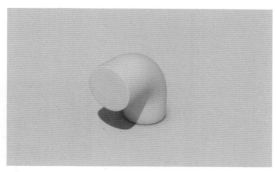

图3-50

（1）启动Cinema 4D，切换到右视图，使用"样条画笔"工具在右视图中绘制一个L形样条，如图3-51所示。

（2）在L形样条的转角处右击，在弹出的快捷菜单中选择"倒角"，调整倒角的"半径"，使转角处变得较为圆润，如图3-52所示。

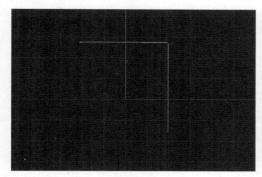

图3-51

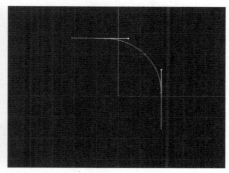

图3-52

（3）创建一个圆环样条，"半径"为默认，随后创建一个"扫描"对象，将上一步创建好的样条和这个圆环样条作为"扫描"对象的子对象，并且"圆环"对象放在"样条"对象上面，如图3-53所示。

图3-53

（4）此时可以看到扫描生成的管道模型，通过调整圆环样条属性面板中的"半径"和"数量"来分别调整管道的粗细和细分数，最终的模型和渲染效果如图3-54所示。

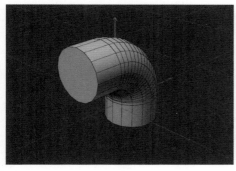

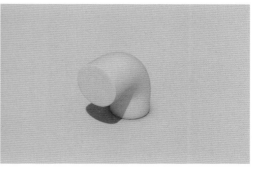

图3-54

3.7 样条布尔

不同的样条之间也可以进行类似于多边形建模中的布尔运算，这样会生成新的样条。样条布尔参数如图3-55所示。

图3-55

样条布尔参数介绍

模式: 包括"合集""A减B""B减A""与""或""交集"6个模式。

轴向: 根据不同轴向对样条布尔的结果进行运算。

"样条布尔"不同模式的效果如图3-56所示，分别对应"合集""A减B""B减A""与""或""交集"模式。

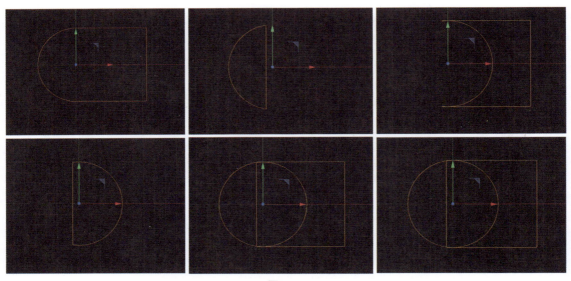

图3-56

"样条布尔"工具在建模中的作用就是挖洞、开洞布线，这在产品设计中非常常见。读者多加练习就能使用"样条布尔"工具方便地制作出需要的样条。

3.8 课堂案例1: 用可编辑样条制作线条场景

资源位置

素材文件	素材文件>CH03>课堂案例1: 用可编辑样条制作线条场景
实例文件	实例文件>CH03>课堂案例1: 用可编辑样条制作线条场景.c4d
视频文件	视频文件>CH03>课堂案例1: 用可编辑样条制作线条场景.mp4
技术掌握	可编辑样条的扫描、旋转操作

用可编辑样条制作
线条场景

　　根据本章所讲内容，使用样条及曲面建模工具组制作线条场景。

　　在Cinema 4D中，要对样条使用曲面建模工具组中的"挤压""旋转""放样""扫描"工具才能使其变成可渲染的模型。在实际的建模中，这几个工具是交替使用的。本案例将综合使用"旋转""扫描"工具，用可编辑样条制作一个科幻的发光线条场景，最终效果如图3-57所示。

图3-57

　　（1）启动Cinema 4D，切换至正视图，绘制场景中间模型的剖面样条，如图3-58所示。

　　（2）创建一个"旋转"对象，对上一步创建的样条进行旋转，生成场景中间的模型，如图3-59所示。

图3-58　　　　　　　　　　　　　　　　　　图3-59

　　（3）在场景中创建一个"半径"为110cm的圆环样条，再创建一个"半径"为7cm的圆环样条，使用"扫描"工具生成一个圆环模型，如图3-60所示。

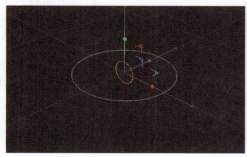 

图3-60

（4）将上一步制作的圆环模型复制3个，调整大小和比例，错位放置，如图3-61所示。

（5）在场景中创建一个圆弧样条，设置"平面"为"XZ"、"半径"为200cm，随后再新建一个"半径"为10cm的圆环样条，扫描后的模型如图3-62所示。

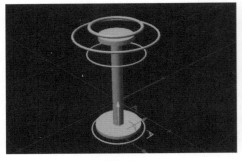

图3-61

图3-62

（6）使用"螺旋线"工具在场景中创建一个螺旋线样条，设置"平面"为"XZ"、"起始半径"为250cm、"终点半径"为160cm，如图3-63所示。

图3-63

（7）使用"矩形"工具在场景中创建一个矩形样条，将其转换为可编辑样条，对4个顶点执行"倒角"，缩放矩形样条，调整到合适大小后执行"扫描"，形成螺旋光柱，如图3-64所示。

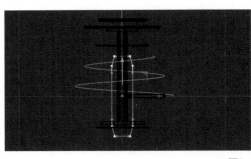

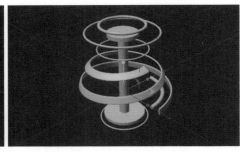

图3-64

（8）使用"弧线"工具创建一个圆弧样条，然后创建一个矩形样条，再创建一个"扫描"对象，将圆弧样条和矩形样条作为"扫描"对象的子对象，矩形样条在上，圆弧样条在下，效果如图3-65所示。

（9）将上一步制作的模型复制两个，分别调整"半径""结束生长"参数，并对其进行旋转，调整"结束旋转"参数，使3个模型位置错落并产生一定的扭曲，产生科幻的效果，如图3-66所示。

（10）创建一个摄像机，选定一个位置，查看模型效果，如图3-67所示。

（11）给每个模型添加简单的材质，在场景中添加一个"物理天空"，在"渲染设置"窗口中勾选"全局光照"与"环境吸收"，渲染后的场景如图3-68所示。

图3-65

图3-66

图3-67

图3-68

3.9　课堂案例2：用可编辑样条制作三维立体文字LOGO

资源位置

素材文件	素材文件>CH03>课堂案例2：用可编辑样条制作三维立体文字LOGO
实例文件	实例文件>CH03>课堂案例2：用可编辑样条制作三维立体文字LOGO.c4d
视频文件	视频文件>CH03>课堂案例2：用可编辑样条制作三维立体文字LOGO.mp4
技术掌握	使用可编辑样条制作三维立体文字LOGO

用可编辑样条制作
三维立体文字LOGO

　　本案例讲解三维立体文字LOGO的制作方法，最终效果如图3-69所示。希望读者能够认真学习制作思路，举一反三地做出优秀的作品。

　　（1）绘制图3-70所示的样条，将其作为字母主体剖面样条。

　　（2）将上一步绘制的样条转换为可编辑样条，按照图3-71所示的效果对相应的点执行"倒角"，调整倒角的"半径"，使其变得圆滑。

图3-69

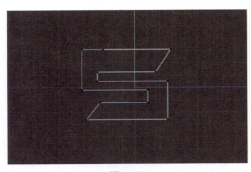

图3-70

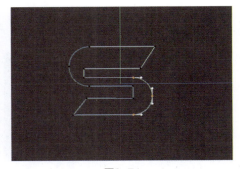

图3-71

（3）新建一个"挤压"对象，将上一步制作好的样条作为"挤压"对象的子对象，调整"偏移"为50cm、"细分数"为1，如图3-72所示。

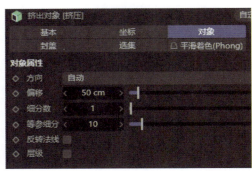

图3-72

（4）将上一步做好的模型转换为可编辑对象，切换到面模式，选中字母模型正面，单击鼠标右键，在弹出的菜单中选择"嵌入"，向内嵌入10cm，随后执行"挤压"，向内挤压约20cm，结果如图3-73所示。

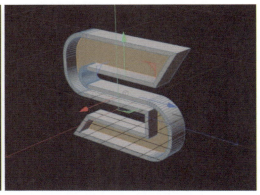

图3-73

（5）将第一步创建的S形字母样条复制一份，并放大一点；新建一个"挤压"对象，将这个样条作为"挤压"对象的子对象，设置挤压"偏移"为10cm、"细分数"为1，将这个字母模型放在上一步制作好的字母模型后面，如图3-74所示。

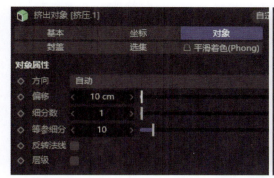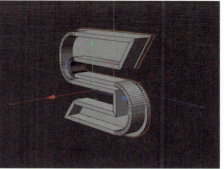

图3-74

（6）创建一个圆柱体，设置"半径"为8cm、"高度"为100 cm、"方向"为"+X"，复制若干个，然后沿字母的走向均匀摆放。这一步可以用"克隆"工具实现，第5章会着重讲解，这里手动摆放圆柱体，接着添加材质。最后将做好的字母S复制一份，放在圆柱体另一侧，与圆柱体相接，渲染后的效果如图3-75所示。

图3-75

3.10 课堂案例3：用可编辑样条制作煤油灯

资源位置	
素材文件	素材文件>CH03>课堂案例3：用可编辑样条制作煤油灯
实例文件	实例文件>CH03>课堂案例3：用可编辑样条制作煤油灯.c4d
视频文件	视频文件>CH03>课堂案例3：用可编辑样条制作煤油灯.mp4
技术掌握	用可编辑样条制作煤油灯

用可编辑样条制作
煤油灯

本案例讲解如何使用可编辑样条制作一个煤油灯，最终效果如图3-76所示。希望读者能够认真学习制作思路，举一反三地做出优秀的作品。

图3-76

（1）制作煤油灯的上部。在正视图中绘制煤油灯上部的剖面样条，然后创建一个"旋转"对象，将样条作为"旋转"对象的子对象，生成上部模型，如图3-77所示。

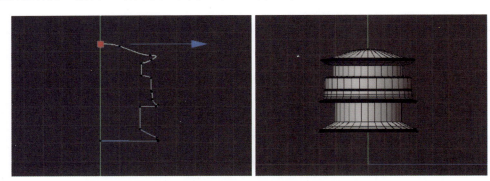

图3-77

（2）制作煤油灯的下部。在正视图中绘制煤油灯下部的剖面样条，然后创建一个"旋转"对象，将样条作为"旋转"对象的子对象，生成下部模型，如图3-78所示。

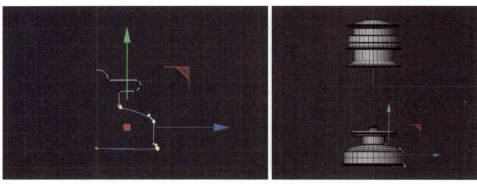

图3-78

（3）绘制煤油灯的把手。在正视图中绘制煤油灯把手的剖面样条，初始时可以绘制为直线形式，然后对两个拐点执行"倒角"，就形成了曲线，如图3-79所示。

（4）创建一个花瓣形样条，调整"花瓣"为4；创建一个"扫描"对象，将把手剖面样条与花瓣形样条作为"扫描"对象的子对象，生成一个把手；复制这个把手，旋转180°，完成两个把手的制作，如图3-80所示。

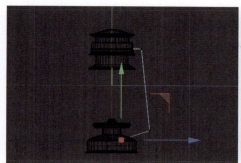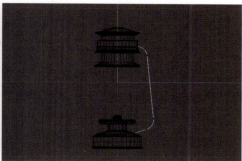

图3-79

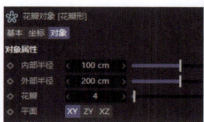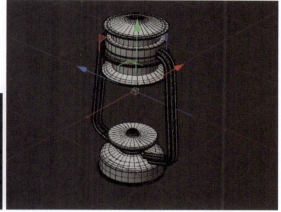

图3-80

（5）绘制图3-81左所示的样条，然后创建一个"旋转"对象，将这个样条作为"旋转"对象的子对象，旋转生成煤油灯主体部分的模型，如图3-81右所示。

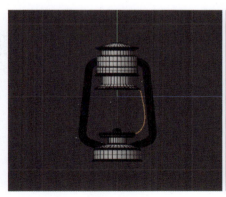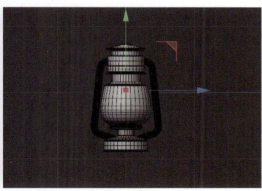

图3-81

（6）创建两个圆环面，作为缠绕煤油灯的铁丝；在透视视图中调整圆环面的点，让圆环面缠绕在煤油灯主体周围。圆环面的大小和粗细可以自行设定。为模型添加材质，然后在场景中创建一个摄像机，调整好位置。添加一个"物理天空"，在"渲染设置"窗口中勾选"全局光照"和"环境吸收"，单击"渲染到图像查看器"按钮，渲染效果如图3-82所示。

图3-82

3.11 本章小结

本章主要讲解了 Cinema 4D中的样条建模基本理论、样条绘制方法、曲面建模工具组的使用技巧，本章提供的案例可让读者更加了解Cinema 4D样条建模的思路、流程，为后面完成综合案例打下坚实的基础。

3.12 课后练习：用可编辑样条制作小号

资源位置

素材文件	素材文件>CH03>课后练习：用可编辑样条制作小号
实例文件	实例文件>CH03>课后练习：用可编辑样条制作小号.c4d
视频文件	视频文件>CH03>课后练习：用可编辑样条制作小号.mp4
技术掌握	可编辑样条的放样、扫描、旋转操作

用可编辑样条制作
小号

根据本章所讲内容，使用样条及曲面建模工具组制作一个小号的模型，最终效果如图3-83所示。

（1）启动Cinema 4D，切换至正视图，将小号的参考图导入Cinema 4D的正视图中，调整参考图的"透明度"为70%，如图3-84所示。

（2）使用"样条画笔"工具在正视图中沿着小号的号管走向绘制样条，如图3-85所示。

图3-83

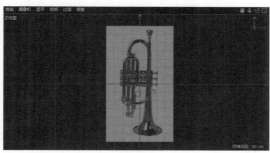

图3-84　　　　　　　　　　　　　　图3-85

（3）在场景中创建一个圆环样条，创建一个"扫描"对象，将上一步绘制的样条和圆环样条作为"扫描"对象的子对象。由于扫描是按圆环的直径统一进行的，因此每一部分的直径都是相同的，如果要修改不同位置的直径，需要在"扫描"对象的"对象"选项卡中调整"缩放"参数，在缩放曲线上按住Ctrl键并单击以添加锚点，在需要的位置调整直径的大小，如图3-86所示。

调整后的小号主体模型如图3-87所示。

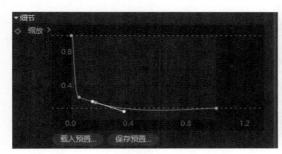

图3-86　　　　　　　　　　　　　　图3-87

（4）绘制小号的导管的样条，再绘制一个圆环样条，如图3-88所示。

（5）执行"扫描"，生成的模型如图3-89所示。

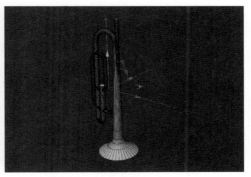

图3-88　　　　　　　　　　　　　　图3-89

（6）绘制小号号嘴部分的剖面样条，创建一个"旋转"对象，完成号嘴部分的模型的制作，如图3-90所示。

（7）创建若干个圆环样条，调整大小，创建一个"放样"对象，放样出小号的活塞和活塞筒的模型，如图3-91所示。

图3-90

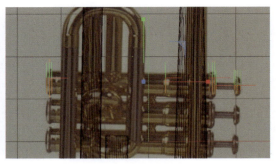

图3-91

（8）将上一步制作的模型复制两个，摆放在图3-92所示的位置。

（9）查看完成的模型，给模型添加黄色的金属材质，并在环境中添加一个"物理天空"，在"渲染设置"窗口中勾选"全局光照"和"环境吸收"，渲染场景，效果如图3-93所示。

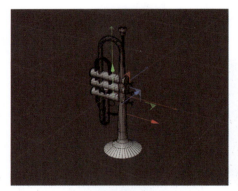

图3-92

图3-93

第 4 章

变形器与生成器

Cinema 4D提供了很多变形器与生成器。变形器的作用是改变三维模型的形态，产生扭曲、倾斜和旋转等效果；生成器用于制作一些特殊的效果，例如模型的无缝连接、以骨架形式显示模型等。本章将对它们进行讲解。

本章思维导图

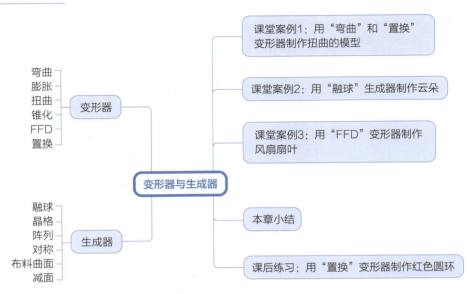

4.1 变形器

Cinema 4D提供了"弯曲""膨胀""斜切""锥化""扭曲""FFD""摄像机""修正""网格""爆炸""爆炸FX""融化""碎片""颤动""挤压&伸展""碰撞""收缩包裹""球化""Delta Mush""平滑""表面""包裹""样条""导轨""样条约束""置换""公式""变形""点缓存""风力""倒角"31个变形器。长按建模工具栏中的"弯曲"按钮可展开变形器工具组，如图4-1所示。变形器需要作为对象的子对象使用。

常用的变形器有"弯曲""膨胀""扭曲""锥化""FFD""置换"，下面分别进行讲解。

图4-1

4.1.1 弯曲

"弯曲"是非常重要的变形器，用于使模型产生一定程度的弯曲。将"弯曲"变形器作为模型的子对象即可起作用，但前提条件是模型有一定的分段数。"弯曲"变形器的参数如图4-2所示。

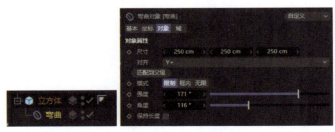

图4-2

"弯曲"变形器常用参数介绍

强度：设置弯曲的程度。

角度：设置横向的角度。

保持长度：勾选后，模型不会变形。

模式：设置"框内"模式，只影响框内模型；设置"无限"模式，模型两端都会弯曲；设置"限制"模式，限制整体。

创建一个立方体，再创建一个"弯曲"变形器，将"弯曲"变形器作为立方体的子对象，调整"强度"和"角度"参数，效果如图4-3所示。模型分段数越多，弯曲后越光滑、自然。

图4-3

4.1.2　膨胀

"膨胀"变形器用于使模型的局部放大或者缩小，其参数如图4-4所示。

图4-4

"膨胀"变形器的常用参数介绍

强度：设置放大的程度。

弯曲：设置外框的弯曲程度。

圆角：勾选后，模型将产生一定的圆角效果。

创建一个立方体，再创建一个"膨胀"变形器，将"膨胀"变形器作为立方体的子对象，调整"强度"参数，可以看到模型发生了变化，效果如图4-5所示。

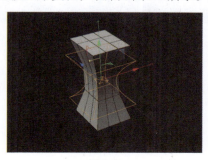

图4-5

4.1.3 扭曲

"扭曲"变形器和"弯曲"变形器类似,可使模型产生多层扭曲的效果。如果需要制作模型螺旋扭曲的效果,可以使用"扭曲"变形器,如制作旋转楼梯等。"扭曲"变形器的参数如图4-6所示。

图4-6

"扭曲"变形器常用参数介绍

尺寸:设置模型在3个轴向上扭曲的尺寸。

角度:设置扭曲的角度。

创建一个立方体,再创建一个"扭曲"变形器,将"扭曲"变形器作为立方体的子对象,调整参数,效果如图4-7所示。

图4-7

4.1.4 锥化

"锥化"变形器可以让模型一端缩小,适合在建筑建模中使用,其参数如图4-8所示。

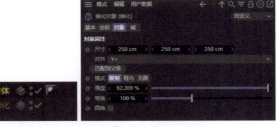

图4-8

"锥化"变形器常用参数介绍

强度:设置锥化的强度,正负数值分别表示缩小和放大的强度。

弯曲:设置弯曲的程度。

创建一个立方体,再创建一个"锥化"变形器,将"锥化"变形器作为立方体的子对象,调整参数,效果如图4-9所示。

图4-9

4.1.5　FFD

　　"FFD"变形器使用晶格包裹模型，可以利用晶格的控制点对模型的点进行操作，从而控制模型的形状，类似于用大的面去操作若干小的面，达到整体修改模型的效果。"FFD"变形器的参数如图4-10所示。

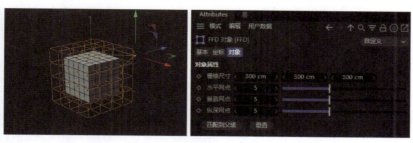

图4-10

"FFD"变形器常用参数介绍

　　栅格尺寸：设置外部黄色操作线框的尺寸。
　　水平网点：设置水平方向网点平均分布数量。
　　垂直网点：设置垂直方向网点平均分布数量。
　　纵深网点：设置纵深方向网点平均分布数量。

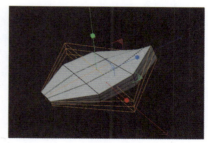

　　创建一个立方体，再创建一个"FFD"变形器。要想"FFD"变形器发挥作用，必须将"FFD"变形器作为要作用的对象的子对象。然后单击"FFD"变形器属性面板中的"匹配到父级"按钮，这样"FFD"变形器就包裹上了

图4-11

模型，调整晶格控制点可调整模型。建模中用这种方式调整模型非常方便。"FFD"变形器应用在对象上，调整晶格控制点后的效果如图4-11所示。

4.1.6　置换

　　"置换"变形器用于对模型的面进行整体变形，使其不再是平面，产生一定的形变效果。"置换"变形器的参数如图4-12所示。

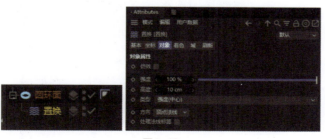

图4-12

　　"置换"变形器一般需要设置"对象"和"着色"选项卡中的参数，"对象"选项卡中的常用参数如下。

　　强度：设置"置换"变形器的影响程度。
　　高度：设置产生形变的高度。

　　要想"置换"变形器发挥作用，需要在"着色"选项卡中选择着色器。着色器有很多种，包

括"噪波""渐变""菲涅耳（Fresnel）""颜色""图层""着色""背面""融合""过滤"等，如图4-13所示。常用的着色器是"噪波"。

选定着色器后，单击着色器名称，可以进行着色器的细节设置。以"噪波"着色器为例，展开"噪波"下拉列表，可以看到噪波的类型，包括"方形""水泡湍流""卜亚""单元""卡纳""德士""置换湍流""电子"等，如图4-14所示，常用的是"电子"。

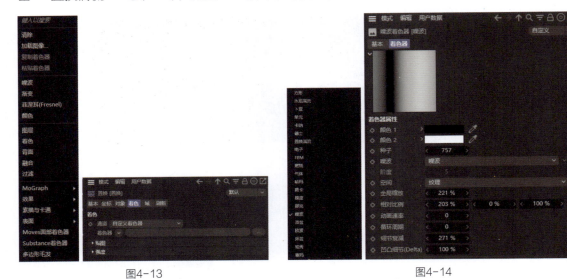

<table><tr><td>图4-13</td><td>图4-14</td></tr></table>

创建一个圆环面，再创建一个"置换"变形器，将"置换"变形器作为圆环面的子对象，为"置换"变形器设置"电子"类型的"噪波"着色器，效果如图4-15所示。

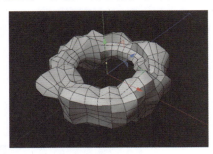

图4-15

4.2 生成器

常用的生成器包括"融球""晶格""阵列""对称""布料曲面""减面"6种，长按建模工具栏中的"细分曲面"按钮可以看到这些生成器，如图4-16所示。

4.2.1 融球

"融球"生成器用于对两个接近的模型进行无缝衔接，产生一个新的模型，常用于制作云朵。"融球"生成器的效果和参数设置如图4-17所示。

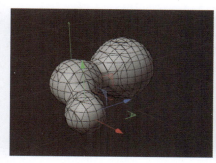
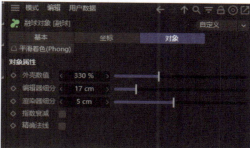

图4-16　　　　　　　　　　　　　　　　　　图4-17

"融球"生成器常用参数介绍

外壳数值：设置模型融合的多少。数值越大，融合得越多。

编辑器细分：设置融球的细分程度。数值越大，融球分段数越多。

4.2.2　晶格

"晶格"是按照模型的布线，将点和边用实体来显示，并且可以调整参数的生成器。"晶格"生成器可以用于各种骨骼、骨架模型的制作。"晶格"生成器的效果和参数设置如图4-18所示。

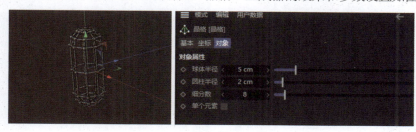

图4-18

"晶格"生成器常用参数介绍

圆柱半径：设置晶格中模型边的半径。数值越小，模型越精细。

球体半径：设置晶格中模型点的半径。数值越小，模型的点越小。

细分数：设置晶格的细分数。

4.2.3　阵列

"阵列"生成器和"克隆"工具类似，都可以对模型进行批量复制，但是"阵列"生成器只能以圆形为路径复制模型。"阵列"生成器的效果和参数设置如图4-19所示。

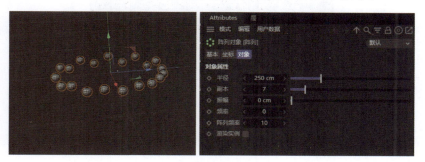

图4-19

"阵列"生成器常用参数介绍

半径：设置阵列的半径。

副本：设置阵列模型的个数。

振幅：设置阵列中每个模型在纵向上的偏移程度。

阵列频率：设置阵列中每个模型在纵向上移动的距离（频率）。

4.2.4 对称

"对称"生成器可以沿着对称轴复制一个模型，其中一个模型变化，对称的模型也会发生相应的变化。"对称"生成器适用于进行人体建模时，只改变一侧的模型，另一侧就随之改变的情况。

"对称"生成器的参数如图4-20所示。

"对称"生成器常用参数介绍

镜像平面：设置按照XY、ZY或XZ平面进行对称，相当于设置对称轴。

公差：设置对称的两个模型之间的距离。

焊接点：默认勾选，可对模型进行定点连接。

使用"对称"生成器时，需要将模型作为"对称"生成器的子对象，效果如图4-21所示。

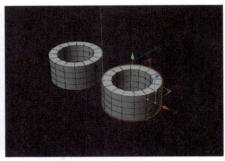

图4-20　　　　　　　　　　　　图4-21

4.2.5 布料曲面

"布料曲面"生成器可以使面产生一定的厚度，将由面构成的模型变成有厚度的模型。使用"布料曲面"生成器可以减少挤压的次数，大大方便了建模。"布料曲面"生成器的参数如图4-22所示。

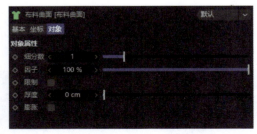

图4-22

在使用"布料曲面"生成器时，需要将模型作为"布料曲面"生成器的子对象。

"布料曲面"生成器常用参数介绍。

细分数：增加模型细分数，使模型更为光滑。

因子：默认为100%，其值越小，模型的面越接近于多边形。

厚度：模型的面厚度。

调整"布料曲面"生成器的参数后，模型的面就有了厚度，前后变化如图4-23所示。

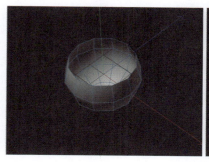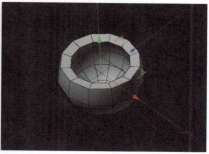

图4-23

4.2.6　减面

"减面"生成器的主要功能是将模型的面的数量减少，使其变为低多边形。低多边形风格是现在常用的一种设计风格。"减面"生成器的参数如图4-24所示。

"减面"生成器常用参数介绍

减面强度：数值越大，减面效果越强。

三角数量：设置三角形面的数量，与"减面强度"负相关。

创建一个球体，设置"类型"为"八面体"，尺寸任意，创建一个"减面"生成器，将球体作为"减面"生成器的子对象，效果如图4-25所示。

图4-24

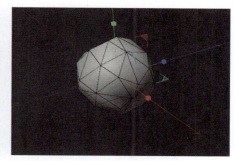

图4-25

4.3　课堂案例1：用"弯曲"和"置换"变形器制作扭曲的模型

资源位置

素材文件	素材文件>CH04>课堂案例1：用"弯曲"和"置换"变形器制作扭曲的模型
实例文件	实例文件>CH04>课堂案例1：用"弯曲"和"置换"变形器制作扭曲的模型.c4d
视频文件	视频文件>CH04>课堂案例1：用"弯曲"和"置换"变形器制作扭曲的模型.mp4
技术掌握	"弯曲"和"置换"变形器的使用

用"弯曲"和"置换"变形器制作扭曲的模型

本节使用"弯曲"和"置换"变形器制作扭曲的模型，最终效果如图4-26所示。

图4-26

（1）启动Cinema 4D，创建一个圆环样条，"半径"为默认值，调整"点插值方式"为"细分"，如图4-27所示。

图4-27

（2）创建一个"弯曲"变形器，将"弯曲"变形器作为圆环样条的子对象，单击"匹配到父级"按钮，让变形器与圆环样条大小相同，调整"强度"为260°、"角度"为200°，如图4-28所示。

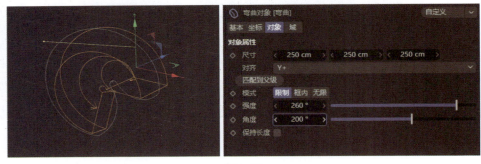

图4-28

（3）创建一个圆环样条，设置"半径"为120cm，再创建一个"置换"变形器，将其作为圆环样条的子对象。打开"置换"变形器的"着色"选项卡，选择"噪波"着色器，这时圆环样条产生了噪波效果。"置换"变形器参数设置如图4-29所示，效果如图4-30所示。

图4-29

图4-30

（4）创建一个"扫描"对象，将两个圆环样条同时作为"扫描"对象的子对象，扫描出第一个曲面模型，如图4-31所示。

（5）将上一步制作的曲面模型复制若干，调整弯曲的参数和圆环样条半径，使其位置产生一定的偏移。读者可以根据自己的审美以及曲面模型的穿插效果设定参数。这里参考的是Windows 11桌面壁纸的效果。在场景中添加一个"物理天空"，效果如图4-32所示。

图4-31

图4-32

（6）赋予每个曲面模型不同的材质，材质颜色可以由读者自己定义。本案例的材质如图4-33所示。

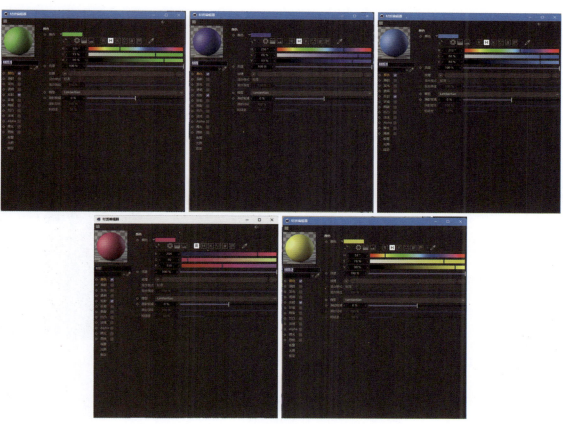
图4-33

（7）单击"渲染到图像查看器"按钮，渲染效果如图4-34所示。

图4-34

4.4 课堂案例2：用"融球"生成器制作云朵

资源位置

素材文件 素材文件>CH04>课堂案例2：用"融球"生成器制作云朵

实例文件 实例文件>CH04>课堂案例2：用"融球"生成器制作云朵.c4d

视频文件 视频文件>CH04>课堂案例2：用"融球"生成器制作云朵.mp4

技术掌握 "融球"生成器的使用

用"融球"生成器
制作云朵

根据本章所讲内容，使用"融球"生成器制作云朵，效果如图4-35所示。

（1）启动Cinema 4D，在场景中创建3个球体，分别设置"半径"为100cm、70cm、60cm，"类型"都设置为"八面体"，效果如图4-36所示。

图4-35

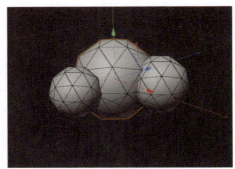

图4-36

（2）创建一个"融球"生成器，将上一步创建的球体作为"融球"生成器的子对象，设置"外壳数值"为225%、"编辑器细分"为14cm，如图4-37所示。

（3）创建一个材质，设置"颜色"为（R：120，G：169，B：204），将这个材质赋予云朵。

（4）创建一个摄像机，调整位置，查看模型效果；单击"渲染到图像查看器"按钮，渲染效果如图4-38所示。

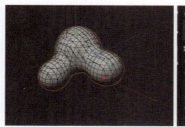

图4-37

图4-38

4.5　课堂案例3：用"FFD"变形器制作风扇扇叶

资源位置

素材文件	素材文件>CH04>课堂案例3：用"FFD"变形器制作风扇扇叶
实例文件	实例文件>CH04>课堂案例3：用"FFD"变形器制作风扇扇叶.c4d
视频文件	视频文件>CH04>课堂案例3：用"FFD"变形器制作风扇扇叶.mp4
技术掌握	"FFD"变形器的使用

用"FFD"变形器
制作风扇扇叶

本节使用"FFD"变形器制作风扇的扇叶，最终效果如图4-39所示。

图4-39

（1）启动Cinema 4D，在场景中新建一个立方体，调整"尺寸"为（140cm，30cm，280cm）、"分段X"为4、"分段Y"为1、"分段Z"为4，如图4-40和图4-41所示。

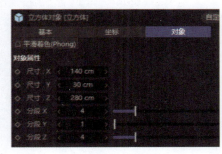

图4-40

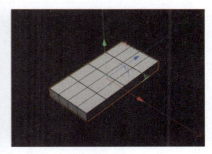

图4-41

（2）创建一个"FFD"变形器，调整"水平网点"为4、"垂直网点"为3、"纵深网点"为6。将这个"FFD"变形器作为立方体的子对象，单击"FFD"变形器属性面板中的"匹配到父级"按钮，如图4-42所示。

（3）切换到点模式，选择"FFD"变形器最左边边框上的所有点，用"缩放"工具将其缩小，形成扇叶的基本形状，如图4-43所示。

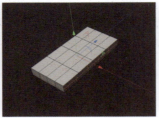

图4-42   图4-43

（4）使用"旋转"工具将"FFD"变形器左、右边框上的点旋转一定的角度，使扇叶翘起，如图4-44所示。

（5）创建一个"细分曲面"对象，将上一步制作的模型作为"细分曲面"对象的子对象，效果如图4-45所示。

（6）将上一步制作的模型沿着轴心复制6份，并且旋转一定角度，组合起来，形成风扇扇叶编组，如图4-46所示。

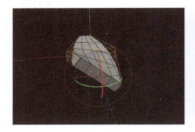
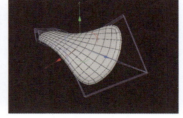

图4-44   图4-45   图4-46

（7）为扇叶创建材质。新建一个空白材质球，设置材质"颜色"为（R：94，G：169，B：204）、反射"类型"为"GGX"、"粗糙度"为5%、"反射强度"为26%、"菲涅耳"为"导体"、"预置"为"钢"，如图4-47所示。

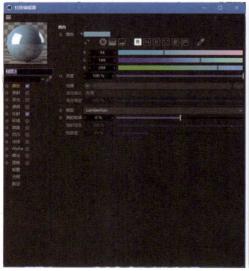
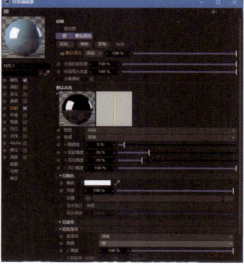

图4-47

（8）在场景中创建一个"物理天空"，单击"渲染到图像查看器"按钮，渲染效果如图4-48所示。

图4-48

4.6　本章小结

本章讲解了"弯曲""膨胀""扭曲""锥化""FFD""置换"变形器，以及"融球""晶格""阵列""对称""布料曲面""减面"生成器，使读者能够在已有模型的基础上，应用生成器和变形器创建参数化几何体模型工具无法创建的模型，拓展建模技巧并提高创造能力，为制作动画和渲染出各类物体打下坚实的基础。

4.7　课后练习：用"置换"变形器制作红色圆环

资源位置

素材文件	素材文件>CH04>课后练习：用"置换"变形器制作红色圆环
实例文件	实例文件>CH04>课后练习：用"置换"变形器制作红色圆环.c4d
视频文件	视频文件>CH04>课后练习：用"置换"变形器制作红色圆环.mp4
技术掌握	"置换"变形器的使用

用"置换"变形器
制作红色圆环

本节使用"置换"变形器制作一个红色圆环，最终效果如图4-49所示。

图4-49

（1）启动Cinema 4D，在场景中创建一个圆环面，设置"圆环半径"为150cm、"圆环分段"为32、"导管半径"为35cm、"导管分段"为16，如图4-50所示。

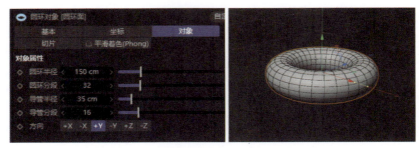

图4-50

（2）创建一个"置换"变形器，作为上一步创建的模型的子对象。打开"对象"选项卡，设置"强度"为100%、"高度"为100cm；打开"着色"选项卡，设置"着色器"为"噪波"，如图4-51所示。

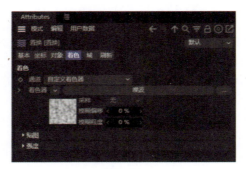

图4-51

（3）在"噪波着色器"中设置"噪波"为"电子"，如图4-52所示。

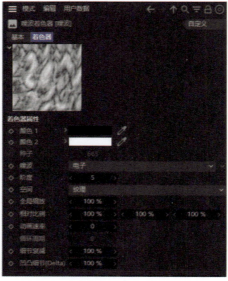

图4-52

（4）创建一个"细分曲面"对象，将前面制作好的模型作为"细分曲面"对象的子对象，如图4-53所示。

（5）新建一个空白材质球，设置"颜色"为（R：204，G：16，B：110），如图4-54所示，将该材质赋予模型。

图4-53 图4-54

（6）给场景添加一个"物理天空"，创建一个地面，创建一个白色材质，将其赋予地面；单击"渲染到图像查看器"按钮，最终效果如图4-55所示。

图4-55

第 5 章

运动图形工具与
效果器

运动图形工具主要用于制作动画中的特殊效果，
也可以运用到建模中，例如最常用的"克隆"工
具可以大大提高建模的效率，同时运动图形工具
和效果器的结合能产生很多交叉的效果，因此学
习运动图形工具与效果器是非常有必要的。本章
将讲解运动图形工具组中的"克隆"工具，"简
易""推散""随机"效果器，最后用4个案例帮
助读者巩固运动图形工具与效果器的知识。

本章思维导图

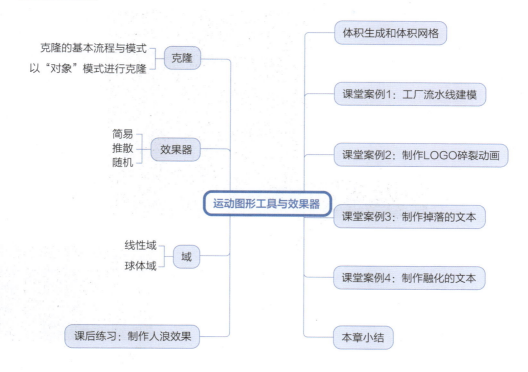

5.1　克隆

　　运动图形是Cinema 4D的一个重要模块，其功能是将独立的模型以各种方式复制组合，产生大规模集群的效果，并配合动画模块，产生非线性的效果，让模型和动画效果更强、更多样。其中最常用的就是"克隆"。

　　"克隆"是Cinema 4D中特有的一种建模和动画制作工具，属于运动图形工具。可以通过单击建模工具栏中的"克隆"按钮创建"克隆"对象。克隆是对模型进行规律的复制或随机的复制，达到大规模使用模型的目的。"克隆"工具的属性面板如图5-1所示，其中包括"基本""坐标""对象""变换""效果器"5个选项卡。

5.1.1　克隆的基本流程与模式

　　克隆的基本流程是先创建要克隆的模型，然后创建"克隆"对象，将模型作为"克

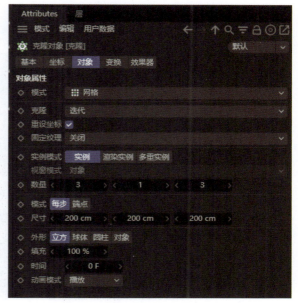

图5-1

隆"对象的子对象，最后调整克隆参数，如图5-2所示。

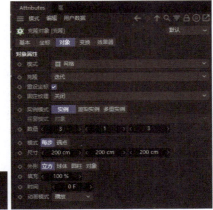

图5-2

"克隆"工具的常用参数是"模式""数量""尺寸"，介绍如下。

图5-3

模式：包括"对象""线性""放射""网格""蜂窝"5种模式。

数量：需要复制的数量，分别是在x轴、y轴、z轴3个方向上的数量。克隆的"数量"代表需要复制的模型的个数，也就是克隆模型的密度，随时可以调整。

尺寸：克隆的模型的原始尺寸。

克隆的"尺寸"代表克隆的每一个模型的尺寸。进行克隆时，随时可以调整模型的大小、坐标、方向。克隆的5种模式如图5-3所示。

在克隆模式中，"对象"是将克隆的模型分布在一个模型或样条的表面；"线性"是以一条直线为路径对模型进行克隆；"放射"是以圆形为路径进行克隆；"网格"是按照可设置的均匀分布的网格对模型进行克隆；"蜂窝"是以蜂窝面的形式对模型进行克隆。

常用的克隆模式是"网格""放射""线性"，图5-4展示了不同的克隆模式的效果，分别采用的是"对象""网格""放射""线性""蜂窝"模式。

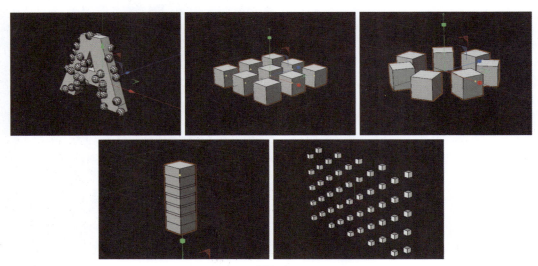

图5-4

5.1.2　以"对象"模式进行克隆

当需要在场景中创建多个相同的模型时，可以考虑使用"线性""网格""放射"等克隆模式，它们适用于制作均匀分布的多模型场景，如树木排列整齐的森林、车辆排列整齐的停车场、整齐的军队等。

克隆的本质是对模型进行规律或随机的复制，当以"对象"模式进行克隆的时候，模型就会以对象为基准，在对象的模型上进行复制。例如，当小球以字母A为对象进行克隆后，小球就随机分布在了字母A上，如图5-5所示。

还有一种常用的克隆方法，即按照一定的方向进行克隆，也就是将样条作为对象，对模型进行克隆。当场景中需要坦克履带、传送带、路灯等时，一般以一个样条为导轨进行克隆。这种克隆方法在建模过程中很方便。例如，对圆柱体进行克隆，克隆模式为"对象"，对象是一个花瓣形样条，圆柱体将在样条上均匀分布，如图5-6所示。这种克隆方法非常适用于创建分布规律的模型。

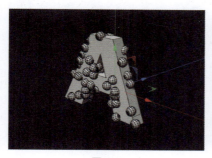　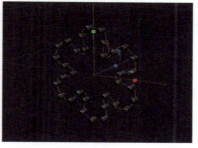

图5-5　　　　　　　　　　　　　　　图5-6

在"对象"模式下，克隆参数如图5-7所示。

这里参数比较多，主要介绍以下6个参数。

对象：设置参与克隆的参考对象，也就是要分布模型的对象。

分布：设置要复制的模型在对象上的复制模式，一般设置为"平均"，即平均分布在表面。

数量：设置克隆的个数，就是模型克隆的数量。

偏移：设置要克隆的模型在对象上的起始位置，如果调整该参数，则克隆模型会在对象上滑动。该参数经常用于制作动画。

开始：设置要克隆的模型在克隆对象上的起始生长位置。

结束：设置要克隆的模型在克隆对象上的终止生长位置。

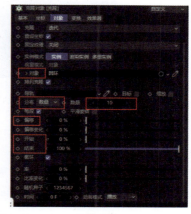

图5-7

5.2　效果器

一般来说，效果器可以使运动图形的位置、尺寸和角度等发生变化。不同的效果器可以对运动图形的各个部分产生不同程度的效果。在实际设计中，常用的效果器有"简易""推散""随机"。

5.2.1　简易

　　"简易"效果器可以对模型的位置、尺寸、角度进行整体的调控。"简易"效果器一般配合域来使用，当参数使模型的效果产生一些变化时，如果没有添加指定的域，它就会对所有模型进行影响。"简易"效果器的参数如图5-8所示。

　　"简易"效果器一般配合域来对克隆的模型的一部分进行操作，使之产生部分形变，常用于动画制作。当创建了一个"简易"效果器后，场景中的所有克隆对象都上升了一定的距离，如图5-9所示。

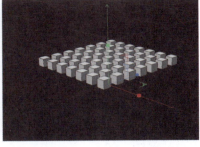

图5-8　　　　　　　　　　　　　　　　　图5-9

5.2.2　推散

　　"推散"效果器用于将模型打散或者聚集，可以用来制作爆炸之类的动画效果。"推散"效果器的参数如图5-10所示。

图5-10

　　在场景中创建一个"推散"效果器后，将重新布置已经排列好的克隆对象，增大克隆对象之间的距离，这是其被称为"推散"的原因。推散的"模式"包括"隐藏""推离""分散缩放""沿着X""沿着Y""沿着Z"。

　　例如，设置"模式"为"沿着Z"，则z轴方向上克隆对象之间的距离增大，也就是进行了z轴方向上的推散，推散前后的效果如图5-11所示。

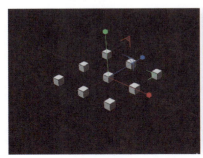
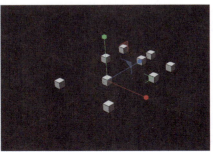

图5-11

5.2.3　随机

"随机"效果器用于在场景中将平均排列的克隆对象进行随机分布。"随机"效果器的参数如图5-12所示。

以立方体为例，添加"随机"效果器后，所有克隆的立方体都产生了随机的效果，这里对其坐标进行了自动随机，调节参数，可以对"随机"效果器的效果进行加强或者减弱。

"随机"效果器的使用效果如图5-13所示。

图5-12

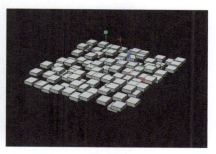
图5-13

5.3　域

"域"是Cinema 4D R20新增的概念，之前叫作"衰减"。效果器对模型的影响是整体且一致的，要作用于某个小的区域，就需要用到域。域的作用是在特定范围内，让效果器产生更加丰富的效果，从而产生效果的渐变。本节将详细讲解域的使用方法。

域包括"线性域""径向域""球体域""立方体域""圆柱体域""圆锥体域""胶囊体域""圆环体域""随机域""着色器域""声音域""公式域""Python域""组域"14个类型，如图5-14所示。在实际的应用中，域经常配合对象和效果器进行使用。

图5-14

一般情况下，使用较多的域是"线性域"和"球体域"，本节只讲解"线性域"和"球体域"。

5.3.1　线性域

"线性域"是配合效果器等使用的，使效果器仅在域的范围内对对象产生作用。线性域及其参数如图5-15所示。

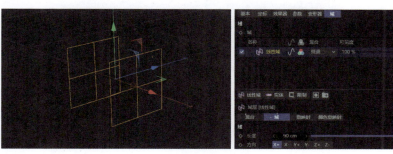
图5-15

创建效果器后，效果器的属性面板中会出现"域"选项卡，单击该选项卡中的"线性域"按钮，即可在场景中创建线性域；调整线性域的"长度"可调整其作用范围，调整线性域的"方向"可调整其作用方向。在图5-16中，在线性域的作用下，"简易"效果器在一定范围内产生了作用。当移动域时，效果器的作用范围也随之改变。

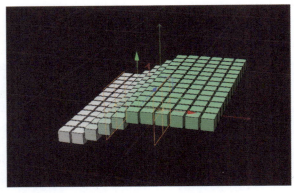

图5-16

5.3.2 球体域

"球体域"是配合效果器等使用的，使效果器仅在域的范围内对对象产生作用。球体域及其参数如图5-17所示。

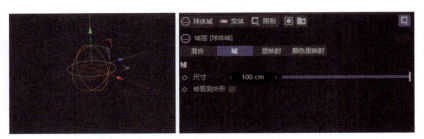

图5-17

创建效果器后，效果器的属性面板中会出现"域"选项卡，单击该选项卡中的"球体域"按钮，即可在场景中创建球体域，调整球体域的"尺寸"可调整其作用范围。在图5-18中，在球体域的作用下，"简易"效果器在一定范围内产生了作用。

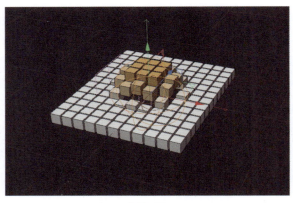

图5-18

5.4　体积生成和体积网格

"体积生成"和"体积网格"是Cinema 4D R20新增的功能，与"融球"生成器类似，能够将多个模型无缝融合为一个模型，并且布线非常光滑。体积功能包括"体积生成""体积网格""SDF平滑""雾平滑""矢量平滑"，如图5-19所示。

体积生成参数如图5-20所示。

图5-19

图5-20

体积生成常用参数介绍

体素类型：包括"SDF""雾""矢量"3种类型，最常用的是"SDF"。

对象：设置需要进行体积生成的对象。

模式：包括"加""减""相交"，类似布尔运算中的"A加B""A减B""AB交集"。

体素尺寸：设置体积生成的平滑度。数值越大，平滑效果越明显。

在图5-21中，从左往右依次是"加""减""相交"3种模式的效果。

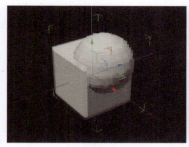  

图5-21

体积生成的模型必须添加体积网格才能成为实体模型，才能被渲染，因此"体积生成"和"体积网格"功能是成对使用的。体积网格参数如图5-22所示。

图5-22

体积网格常用参数介绍

体素范围阈值：设置体积网格的大小，通常保持默认。

自适应：设置布线的密度，通常保持默认。

5.5 课堂案例1：工厂流水线建模

资源位置

素材文件　素材文件>CH05>课堂案例1：工厂流水线建模

实例文件　实例文件>CH05>课堂案例1：工厂流水线建模.c4d

视频文件　视频文件>CH05>课堂案例1：工厂流水线建模.mp4

技术掌握　克隆操作与克隆动画

工厂流水线建模

本节使用"克隆"工具制作工厂流水线的模型，最终效果如图5-23所示。

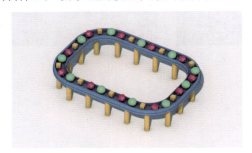

图5-23

（1）启动Cinema 4D，在场景中创建一个矩形样条，设置"宽度"为200cm、"高度"为300cm，调整4个点的位置，如图5-24所示。

（2）将上一步创建的样条转换为可编辑样条，选中4个点，右击，在弹出的快捷菜单中选择"倒角"，设置倒角"半径"为90cm，效果如图5-25所示。

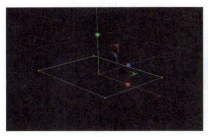

图5-24　　　　　　　　　　　　　　　图5-25

（3）再创建一个矩形样条，设置"高度"为100cm、"宽度"为20cm。创建一个"扫描"对象，将前面创建的矩形样条和这个矩形样条作为"扫描"对象的子对象，效果如图5-26所示。

（4）调整矩形样条的大小，使轨道变窄一些，更像传送带，如图5-27所示。

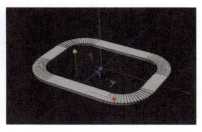

图5-26　　　　　　　　　　　　　　　图5-27

（5）右击"扫描"对象，在弹出的快捷菜单中选择"连接对象+删除"，使其变为一个统一的整体；选择成为整体的模型，切换至边模式，右击，在弹出的快捷菜单中选择"循环/路径切割"，为模型增加两条循环边，如图5-28所示。

（6）切换到面模式，循环选择新增循环边外部的面，执行"嵌入"，向内嵌入一段距离，如图5-29所示。

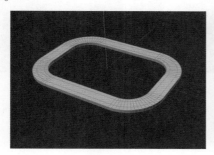
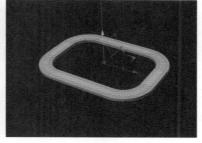

图5-28　　　　　　　　　　　　　　　　图5-29

（7）将嵌入后的面向上挤压8cm，如图5-30所示，这样工厂流水线的传送带就做好了。

（8）按照步骤（1）（2）的方法，制作出一个相同的矩形样条，如图5-31所示。

（9）创建一个立方体、一个球体、一个宝石体，设置立方体尺寸为（12cm，12cm，12cm），球体"半径"为12cm，宝石体"半径"为12cm，如图5-32所示。

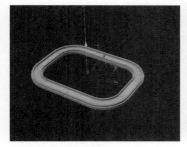
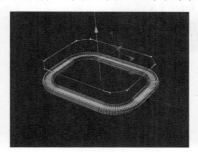
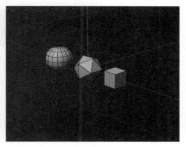

图5-30　　　　　　　　　　图5-31　　　　　　　　　　图5-32

（10）创建一个"克隆"对象，设置"模式"为"对象"，将"对象"设置为步骤（8）创建的矩形样条，设置"分布"为"平均"、"数量"为30，如图5-33所示。

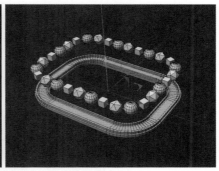

图5-33

（11）调整"克隆"对象的位置，将其放置在传送带的表面，如图5-34所示。

（12）创建一个圆柱体，设置"半径"为6cm、"高度"为80cm，再创建一个"克隆"对象，设置"模式"为"对象"，将"对象"设置为步骤（8）创建的矩形样条，如图5-35所示。

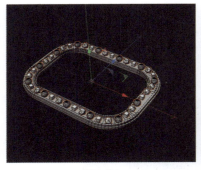
图5-34

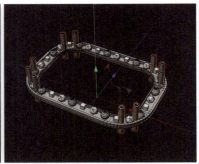
图5-35

（13）调整"克隆"对象的"数量"为17、"分布"为"平均"，可以看到圆柱体平均分布在传送带的下方，如图5-36所示。

（14）给各模型设置不同的材质，在场景中增加"全局光照"，渲染效果如图5-37所示。

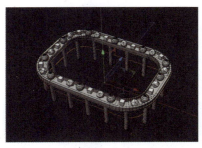
图5-36

图5-37

5.6 课堂案例2：制作LOGO 碎裂动画

资源位置

素材文件	素材文件>CH05>课堂案例2：制作LOGO碎裂动画
实例文件	实例文件>CH05>课堂案例2：制作LOGO碎裂动画.c4d
视频文件	视频文件>CH05>课堂案例2：制作LOGO碎裂动画.mp4
技术掌握	"破碎（Voronoi）"工具的使用

制作LOGO
碎裂动画

本节主要制作一个LOGO破碎动画，其中一张动画截图如图5-38所示。

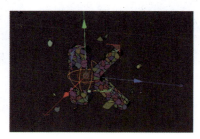
图5-38

（1）启动Cinema 4D，使用"样条画笔"工具绘制一个样条，形状为设计好的LOGO，如图5-39所示。

（2）对LOGO中的顶点执行"倒角"，使其变为圆角，设置倒角"半径"为15cm，效果如图5-40所示。

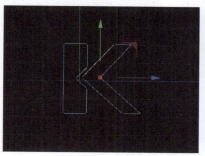 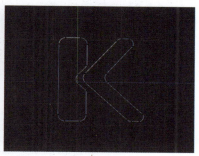

图5-39　　　　　　　　　　　图5-40

（3）创建一个"挤压"对象，将前面制作好的样条作为"挤压"对象的子对象。设置挤压"方向"为"X"、"偏移"为60cm，效果如图5-41所示。

（4）右击创建好的"挤压"对象，选择快捷菜单中的"连接对象+删除"，如图5-42所示，将所有对象合并为一个对象。

图5-41　　　　　　　　　　　图5-42

（5）新建一个"破碎（Voronoi）"对象，将上一步制作的对象作为"破碎（Voronoi）"对象的子对象；在"来源"选项卡的"点生成器-分布"栏中，调整"点数量"为600，如图5-43所示。

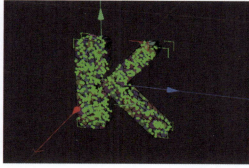 

图5-43

（6）创建一个"推散"效果器，设置"半径"为150cm，场景中的模型就完全散开了，如图5-44所示。

（7）在"推散"效果器的"域"选项卡中，单击"球体域"按钮，新建一个球体域，如图5-45所示。

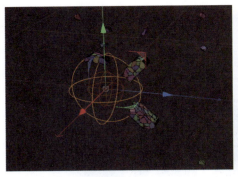

图5-44   图5-45

（8）在动画面板中，把动画长度调整为270帧，此时调整球体域的"尺寸"为24cm，单击"尺寸"左边的"记录关键帧"按钮，为其添加一个关键帧，如图5-46所示。

图5-46

（9）将时间线拖曳到最后，按照上一步的方法，调整球体域的"尺寸"为9000cm，单击"尺寸"左边的"记录关键帧"按钮，为其添加一个关键帧；此时单击"向前播放"按钮，可以看到产生了动画，如图5-47所示。

图5-47

（10）给对象添加一个材质，在场景中添加一个"物理天空"，在"渲染设置"窗口中设置"帧范围"为"全部帧"，即可渲染动画。动画中的一帧如图5-48所示。

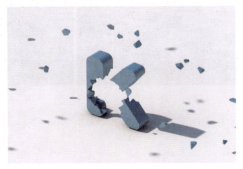

图5-48

5.7 课堂案例3：制作掉落的文本

资源位置

素材文件	素材文件>CH05>课堂案例3：制作掉落的文本
实例文件	实例文件>CH05>课堂案例3：制作掉落的文本.c4d
视频文件	视频文件>CH05>课堂案例3：制作掉落的文本.mp4
技术掌握	域的使用

制作掉落的文本

本节使用域来实现掉落的文本效果，最终效果如图5-49所示。

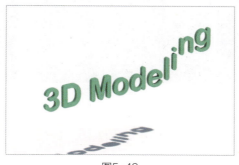

图5-49

（1）启动Cinema 4D，单击"文本"按钮，在场景中创建一个文本，文本内容为3D Modeling，如图5-50所示。读者可以自己确定文本内容和字体。

（2）创建一个"简易"效果器，这时可以看到，所有文字都上升了一定的距离，表示"简易"效果器产生了作用，调整"简易"效果器的"强度"300%，效果如图5-51所示。

图5-50

图5-51

（3）在创建好的"简易"效果器的"域"选项卡中，添加一个线性域，效果如图5-52所示。

（4）调整线性域的位置，可以看到文本高度随着线性域位置的改变而变化，如图5-53所示。

（5）在动画面板中，调整动画长度为270帧，单击"自动关键帧"按钮，这时就可以调整线性域的位置；在第1帧将线性域移动到文本的最左边，在第270帧将线性域移动到文本的最右边，如图5-54所示。

（6）在"渲染设置"窗口中，更改"帧范围"为"全部帧"，单击"渲染到图像查看器"按钮，可以查看最后的动画效果。在线性域的移动过程中，数字和字母一个个落下，产生了炫酷的动画，如图5-55所示。

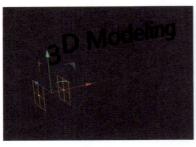

图5-52 图5-53

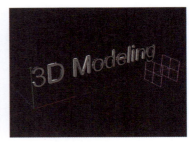

图5-54 图5-55

（7）给文本添加一个材质，在场景中添加一个"物理天空"，在"渲染设置"窗口中设置"帧范围"为"全部帧"，即可渲染动画。动画中的3帧如图5-56所示。

图5-56

5.8 课堂案例4：制作融化的文本

资源位置

素材文件	素材文件>CH05>课堂案例4：制作融化的文本
实例文件	实例文件>CH05>课堂案例4：制作融化的文本.c4d
视频文件	视频文件>CH05>课堂案例4：制作融化的文本.mp4
技术掌握	"体积生成"和"体积网格"的应用

制作融化的文本

本节使用"SDF"来实现融化的文本效果。

（1）启动Cinema 4D，创建一个文本样条，设置文本内容为"C4D"、"字体"为"Arial Black"、"高度"为180cm，如图5-57所示。

图5-57

（2）创建一个"挤压"对象，设置"偏移"为60cm 、"细分数"为2，将文本样条作为"挤压"对象的子对象，如图5-58所示。

图5-58

（3）在场景中创建一个胶囊，设置"半径"为13cm、"高度"为90cm、"高度分段"为4；再创建一个胶囊，设置"半径"为15cm、"高度"为145cm；将两个胶囊放置在文本的下方，如图5-59所示。

图5-59

（4）在场景中创建一个"体积生成"对象，将胶囊和文本同时作为"体积生成"对象的子对象，调整"体素类型"为"SDF"、"体素尺寸"为7cm，如图5-60所示。

图5-60

（5）创建一个"体积网格"对象，将"体积生成"对象作为"体积网格"对象的子对象，这样"体积生成"对象才能被渲染器渲染。此时，文字和胶囊粘在一起，类似于融化效果，如图5-61所示。

（6）新建一个空白材质球，设置"颜色"为（R：45，G：138，B：204），如图5-62所示，将这个材质赋予"体积网格"对象。

图5-61   图5-62

（7）为场景添加一个"物理天空"，同时在"渲染设置"窗口中勾选"全局光照"和"环境吸收"，单击"渲染到图像查看器"按钮，渲染效果如图5-63所示。

图5-63

5.9 本章小结

本章主要讲解了 Cinema 4D中的克隆的概念与使用方法、3个效果器、域的概念和使用方法、体积网格和体积生成，最后通过4个案例帮助读者巩固本章所学内容，使读者能够较好地掌握克隆和效果器等工具的应用方法，制作出更多特效。

5.10　课后练习：制作人浪效果

制作人浪效果

本节使用"克隆"工具、"简易"效果器和域进行人浪效果的制作，最终效果如图5-64所示。

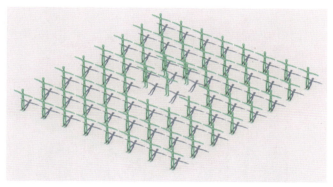

图5-64

（1）启动Cinema 4D，在场景中创建一个系统自带的人体模型，调整其"高度"为60cm、"分段"为6，效果如图5-65所示。

（2）创建一个"克隆"对象，调整"数量"为（8，1，8）、"尺寸"为（75cm，200cm，75cm），效果如图5-66所示。

图5-65

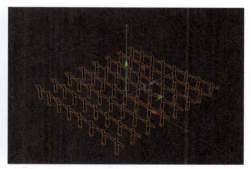

图5-66

（3）创建一个"简易"效果器，参数值为默认，在"简易"效果器中创建一个球体域，如图5-67所示。

（4）在动画面板中，调整动画的长度为270帧，单击"自动关键帧"按钮；在第1帧将球体域放置在"克隆"对象的中心，"尺寸"调整为35cm，在第270帧调整球体域的"尺寸"为400cm，如图5-68所示。

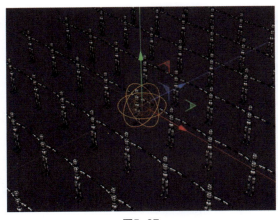

图5-67

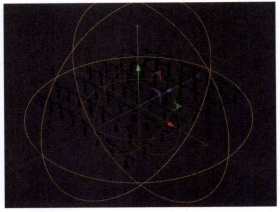

图5-68

（5）在"渲染设置"窗口中设置"帧范围"为"全部帧"，单击"渲染到图像查看器"按钮，查看渲染的动画，如图5-69所示。

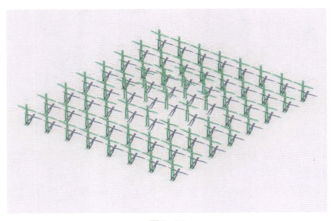

图5-69

第6章

材质、渲染与布光

通过建模技术生成的模型都是纯色模型，也就是常说的白模，要想让模型具有现实世界中的特性，必须赋予模型材质，有了材质，模型才有颜色、反射等特性。但是如果只有材质，没有灯光的照射，模型在黑暗的场景中也是不可见的，因此场景中要有灯光。添加材质和灯光后，需要对场景进行渲染，以得到想要的效果。本章主要讲解材质、渲染与布光。

本章思维导图

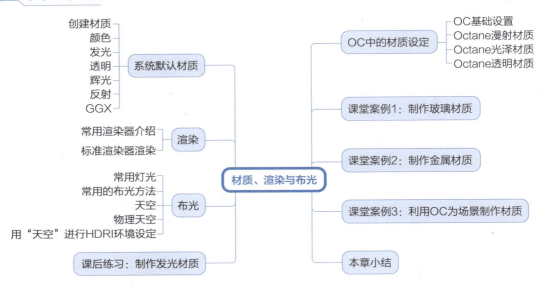

6.1 系统默认材质

现实世界中不同类型的物体在光照下，它们的颜色和反射效果完全不同。材质的作用就是给物体添加颜色、反射效果、发光效果、贴图等。

6.1.1 创建材质

在Cinema 4D中，创建材质的常用方法有两种：一种是在材质面板的空白位置双击，就可以新建一个材质；另外一种是单击材质面板左上角的加号按钮，可新建一个材质，如图6-1所示。

本书默认使用第一种方法新建材质。

"材质编辑器"窗口左侧有材质的各种属性，包括"颜色""漫射""发光""透明""反射""环境""烟雾""凹凸""法线""Alpha""辉光""置换"等。默认材质勾选了"颜色"和"反射"，如图6-2所示。

图6-1

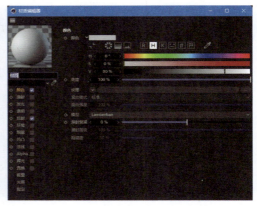

图6-2

6.1.2 颜色

"颜色"选项卡用来设置材质的固有颜色以及给模型添加贴图，如图6-3所示。

"颜色"选项卡常用参数介绍

颜色：设置材质的固有颜色。可以使用系统提供的HSV、RGB等取色法，也可以通过取色器设置材质的固有颜色。

亮度：设置材质的亮度。默认为100%，也就是显示材质的固有颜色。

纹理：给模型添加贴图。

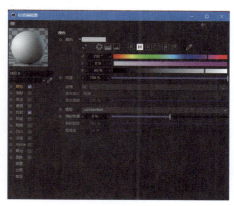

图6-3

6.1.3 发光

当需要设置发光效果时，勾选"发光"，在"发光"选项卡中设置即可，如图6-4所示。

"发光"选项卡常用参数介绍

颜色：设置发光的颜色，和材质颜色的设置方法相同。

亮度：设置自发光的亮度，一般超过100%，材质就会产生自发光效果。

纹理：载入一张贴图作为自发光效果显示。

图6-4

6.1.4 透明

"透明"选项卡用来制作玻璃、水等透明的材质，效果包括透明与半透明。"透明"选项卡如图6-5所示。

"透明"选项卡参数介绍

颜色：设置材质折射的颜色。

折射率预设：设置材质的折射率，系统提供了若干折射率的预设，用户可以根据需要的透明材质进行选择，如图6-6所示。

折射率：通过调整数值改变材质的折射率。

菲涅耳反射率：设置材质的菲涅耳反射程度，默认值为100%。

图6-5

图6-6

6.1.5 辉光

"辉光"是在材质的最外层增加一层发光效果,使其在外层透出一定的光亮。"辉光"选项卡如图6-7所示。

"辉光"选项卡常用参数介绍

内部强度:设置材质内部辉光的强度。

外部强度:设置材质外部辉光的强度。

半径:设置辉光的光照距离。

随机:设置辉光发射的效果强度随机。

材质颜色:设置辉光的颜色,与材质的固有颜色不同。

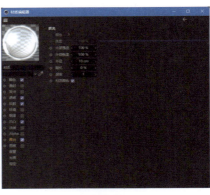

图6-7

6.1.6 反射

环境中的物体会根据自身材质对光线进行反射,在"反射"选项卡中可以调整反射的程度和反射的效果,如图6-8所示。

"反射"选项卡常用参数介绍

类型:设置材质的反射类型,包括"高光-Blinn(传统)""GGX""Beckmann""Phong""Ward""各向异性""Irawan(织物)"等。

衰减:设置反射的衰减程度。

粗糙度:设置反射表面的光滑与粗糙程度。

高光强度:设置反射高光的强度。

颜色:设置材质反射的颜色,默认为白色,设置方法和固有颜色一样。

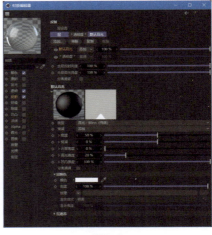

图6-8

6.1.7 GGX

"GGX"是系统自带的一种反射类型,是最常用的一种反射,其具有高反射强度以及菲涅耳反射调节等功能,常用来模拟金属、水、不锈钢等材质。

"GGX"可以通过打开"反射"选项卡,在该选项卡中单击"添加"按钮,在弹出的菜单中选择"GGX"来添加,如图6-9所示。

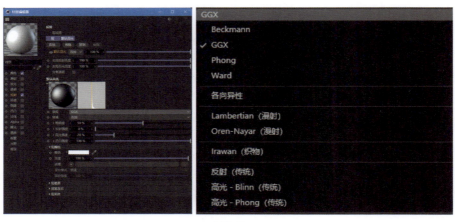

图6-9

GGX参数介绍

粗糙度：设置模型表面的光滑程度。数值越小，模型越光滑。

反射强度：设置模型表面的反射强度。数值越大，反射越强烈，高光越明显；数值越小，高光颜色越接近材质固有颜色。

高光强度：设置高光的范围。

颜色：设置材质的反射颜色，默认为白色。

亮度：设置反射颜色的亮度。

纹理：用贴图的方式展现材质。

菲涅耳：设置材质反射是否有菲涅耳效应，菲涅耳包含"无""绝缘体""导体"3种类型，如图6-10所示。"绝缘体"一般用于反射不是很强的金属材质，"导体"一般用于反射比较强的金属材质，如金、不锈钢等材质。

图6-10

预置：选择不同的菲涅耳类型后，"预置"不同。图6-11（左）显示的是"绝缘体"的"预置"，图6-11（右）显示的是"导体"的"预置"。

强度：设置菲涅耳反射的强度。

折射率（IOR）：设置材质的菲涅耳反射的折射率。设置"预置"后，此参数会自动调整。

本书中大部分材质的反射都使用了"GGX"，添加了"GGX"的材质如图6-12所示。

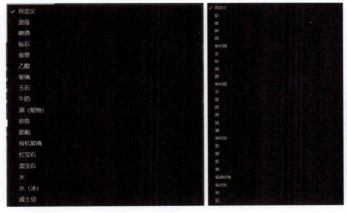

图6-11

图6-12

6.2　渲染

Cinema 4D兼容的渲染器有很多种，一般使用系统自带的渲染器，操作简单，也不需要安装其他的插件，但其渲染效果和渲染速度有时达不到用户的要求，因此出现了很多渲染器插件，如Arnold、RedShift、Octane Render、V-Ray、Corona等。

6.2.1　常用渲染器介绍

1. 标准渲染器

标准渲染器是Cinema 4D自带的，单击渲染工具中的"编辑渲染设置"按钮，打开"渲染设置"窗口，可以看到默认渲染器是标准渲染器，它可以渲染任何效果，但是不具备实时渲染功能和运动模糊、景深效果。在没有配置插件并且对渲染速度和效果的要求不是很高的情况下，使用标准渲染器最方便。

2. 物理渲染器

物理渲染器比标准渲染器多了运动模糊、景深效果。

3. Arnold渲染器

Arnold渲染器是一款高级的、跨平台的渲染API，是基于物理算法的电影级别渲染引擎，越来越多的电影公司将其当作首席渲染器使用。Arnold渲染器是基于物理的光线追踪引擎的CPU渲染器，渲染效果稳定，对CPU的要求比较高，对显卡没有强制性要求。

4. RedShift渲染器

RedShift渲染器是一款基于GPU的渲染器，充分利用显卡的性能，拥有强大的材质节点编辑系统，适合艺术类创作。

5. OC

OC是目前使用较多的基于GPU的渲染器，其渲染效果和渲染速度都能满足大多数用户的需求。本章将详细介绍OC。

6.2.2 标准渲染器渲染

1. 输出设置

输出参数包括"宽度""高度""分辨率""帧范围"等，如图6-13所示。一般情况下，需要先设定输出的分辨率大小，然后设置渲染图像的宽度和高度，一般以像素为单位。

"帧范围"用于设置渲染哪些帧。默认情况下，"帧范围"是"当前帧"，也就是只渲染当前场景；但当用户需要渲染动画时，就需要设置"帧范围"为"预览范围"，然后设置"起点"和"终点"，或者设置"帧范围"为"全部帧"。

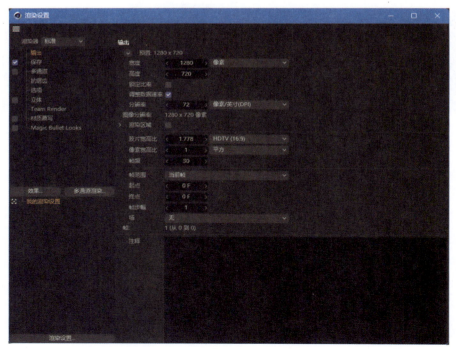

图6-13

2. 全局光照

在"渲染设置"窗口中单击"效果"按钮，在弹出的菜单中可以看到"全局光照"选项，选择后，左边的列表中就会出现"全局光照"。"全局光照"的效果类似于在场景中加入了设置好的灯光，计算时增加了现实中的光影关系，增加了阴影，减少了设置灯光的麻烦，降低了设置灯光的难度。增加"全局光照"后的"渲染设置"窗口如图6-14所示。

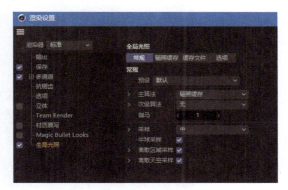

图6-14

全局光照参数介绍

预设：设置渲染的预设模式。

主算法：设置对光线的首次反弹的算法。

次级算法：设置对光线的二次反弹的算法。

伽马：设置画面的亮度。

采样：设置图片的采样精度。

增加全局光照前后模型的渲染效果如图6-15所示。

 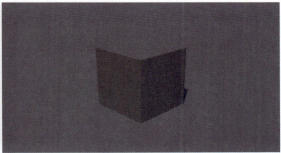

图6-15

6.3 布光

材质设定完成后，需要对场景进行布光，也就是添加灯光。灯光对场景来说至关重要，没有灯光是无法进行渲染的。但灯光不是唯一的布光方式，在Cinema 4D中，还可以使用HDRI环境和"物理天空"等进行补光。

6.3.1 常用灯光

Cinema 4D中的灯光包括"灯光""区域光""IES灯""PBR灯光""日光""无限光"等。本书的案例中常用的灯光是"区域光"。

长按"灯光"按钮会展开灯光工具组，如图6-16所示。

本书着重讲解"区域光"。在场景中添加一个"区域光"，"区域光"的属性面板如图6-17所示，下面介绍常用参数。

图6-16

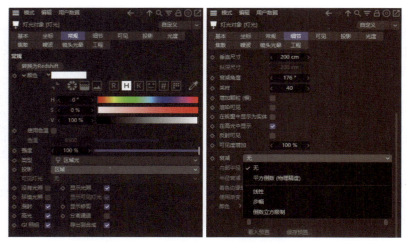

图6-17

颜色：设置灯光的颜色，默认为白色。和材质一样，可以使用RGB等取色法设置灯光的颜色。

强度：设置灯光的强度。数值越大，灯光越亮。

衰减：通常设置为"平方倒数（物理精度）"。

6.3.2 常用的布光方法

在Cinema 4D中，常用的布光方法是三点布光法，即使用一个主光源、两个辅助光源进行布光。在场景正前方放置一个主光源，在"常规"选项卡中，设置"颜色"为白色、"强度"为100%、"类型"为"区域光"、"投影"为"区域"；在"细节"选项卡中，设置"衰减"为"平方倒数（物理精度）"、"半径衰减"为1200cm（读者可以根据灯光覆盖范围自己设置此参数），如图6-18所示。

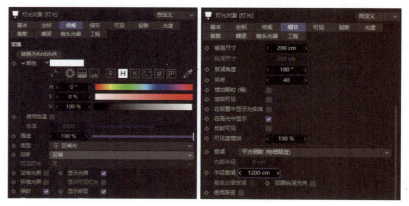

图6-18

新建两个"区域光"，在"常规"选项卡中，设置"颜色"为白色、"强度"为80%、"类型"为"区域光"、"投影"为"无"；在"细节"选项卡中，将"衰减"设置为"平方倒数（物理精度）"，将"半径衰减"设置为1200cm，如图6-19所示。将它们旋转90°，一个放在主光源左边，另一个放在主光源右边。

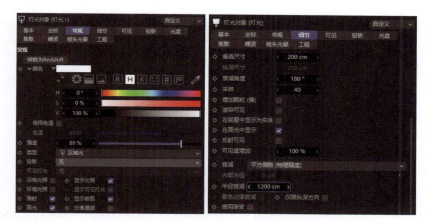

图6-19

场景中灯光的效果和位置如图6-20所示。

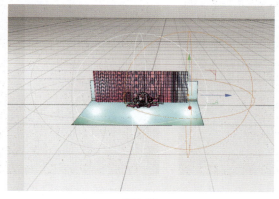

图6-20

6.3.3　天空

"天空"是一个具有照明功能的球体，它包裹场景，可以产生全局的光照效果。"天空"的参数如图6-21所示。

如果想要给环境添加光照效果，除了使用灯光外，还可以添加"天空"。给"天空"添加一个HDRI就可以给环境增加全局的照明。给"天空"添加HDRI的方法在后面会详细介绍。

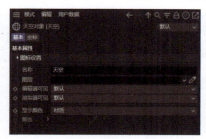

图6-21

6.3.4　物理天空

"物理天空"是一个包裹场景的球体，用来模拟现实世界的天空和太阳光照。"物理天空"的参数如图6-22所示。在场景中添加"物理天空"后，就相当于给场景添加了灯光，但是其效果不一定能满足用户的需求。

"物理天空"参数介绍

时间：设置"物理天空"的时间，这个时间和计算机的时间一致，也可以手动更改。

城市：设置"物理天空"的位置，读者可以自己选择城市。

颜色暖度：设置颜色的冷暖程度。

强度：设置"物理天空"的强度。

浑浊：设置"物理天空"的浑浊程度，类似于现实世界中天空的通透程度。

预览颜色：设置"物理天空"中太阳的颜色。

强度：设置"物理天空"中太阳光的强度。

调整"物理天空"的"时间"，光就会出现冷暖区别。"物理天空"的位置和时间设置如图6-23所示。

图6-22

图6-23

6.3.5 用"天空"进行HDRI环境设定

HDRI可以产生比RGB贴图强烈的光照效果，能在全局范围产生光照效果。目前有很多HDR格式的贴图可以购买和使用。

新建一个空白材质球，取消勾选"颜色"和"反射"，只勾选"发光"。将HDRI拖曳到材质球的"发光"选项卡的纹理通道中，如图6-24所示。

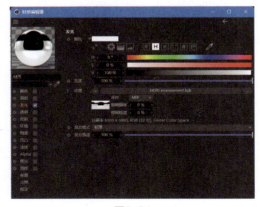
图6-24

随后新建一个"天空"，将这个材质赋予"天空"，这样这个"天空"就具备了HDRI的发光效果，相当于全局光照，可以用来提升渲染的光感和阴影的强度。

6.4 OC中的材质设定

本书1.4.2小节对OC进行了简单介绍，本节将详细讲解OC材质的设定。"Octane"菜单如图6-25所示。

选择"Octane"→"Live Viewer Window"，此时可以看到OC的主界面，菜单栏中比较常用的是"对象"和"材质"菜单。"Octane摄像机""Octane HDRI环境""Octane IES灯光"都可以在"对象"菜单中找到，而"材质"菜单包含OC的所有材质，如图6-26所示。

图6-25

图6-26

6.4.1 OC基础设置

使用OC前，需要对OC的基础设置进行更改。

打开"核心"选项卡，将"最大采样"改为3000，将"漫射深度""折射深度"改为8.，将"GI修剪"改为"1."，并勾选"自适应采样"。

打开"摄像机成像"选项卡，将"伽马"改为2.2，将"镜头"改为"Linear"（线性），如图6-27所示。

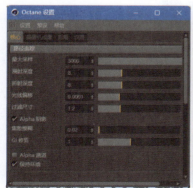
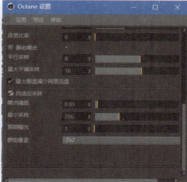
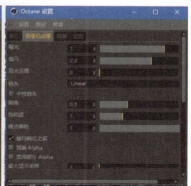

图6-27

6.4.2 Octane漫射材质

"Octane漫射材质"是OC中最常用、最基础的材质，用于表现塑料等反射不是很强的材质。创建此材质的方法是在"Live Viewer"（实时查看）窗口中选择"Materials"（材质）→"Octane Diffuse Material"（Octane漫射材质）。

在"Material Editor"（材质编辑器）窗口中，常用选项卡有"Material type"（材质类型）、"Diffuse"（漫射）、"Roughness"（粗糙度）、"Bump"（凸凹）、"Normal"（法线）、"Displacement"（置换）、"Opacity"（不透明度）等，如图6-28所示。

创建"Octane漫射材质"后，在"Diffuse"选项卡中先设置材质的颜色，颜色设置方法与系统默认材质一样，可以使用RGB取色法或者HSV取色法。随后在"Roughness"选项卡中设置粗糙度。"Octane漫射材质"的效果如图6-29所示。

图6-28

图6-29

6.4.3 Octane光泽材质

"Octane光泽材质"主要用来模拟具有反射特性的材质。制作金属类型的材质时，一般需要先取消勾选"Diffuse"，之后在"Index"（索引）选项卡中将"Index"调整为1，产生透明效果，最后在"Specular"（镜面）选项卡中调整反射的颜色，再稍微增大粗糙度，如图6-30所示。

图6-30

创建"Octane光泽材质"的方法是在"Live Viewer"窗口中选择"Materials"→"Octane Glossy Material"（Octane光泽材质）。"Diffuse"选项卡用于设置材质固有颜色，如果要反射效果，需要取消勾选"Diffuse"，在"Specular"选项卡中设置。"Index"是一个常用的重要选项卡，用来控制模型表面的反射强度，在该选项卡中，"Index"越大，反射越强。一般用"Octane光泽材质"制作金属时，将"Index"设为1即可，效果如图6-31所示。

图6-31

6.4.4 Octane透明材质

"Octane透明材质"主要用来表现有透明质感的模型，创建此材质的方法是在"Live Viewer"窗口中选择"Materials"→"Octane Specular Material"（Octane透明材质），此时的"Material Editor"窗口如图6-32所示。

"Octane透明材质"用来制作玻璃效果，主要参数为"Index"，也就是"索引"，或者叫作"折射率"，可以通过调整折射率表现不同类型的玻璃。"Octane透明材质"的效果如图6-33所示。

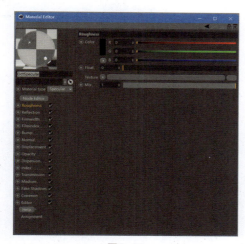

图6-32

图6-33

6.5 课堂案例1：制作玻璃材质

资源位置

素材文件	素材文件>CH06>课堂案例1：制作玻璃材质
实例文件	实例文件>CH06>课堂案例1：制作玻璃材质.c4d
视频文件	视频文件>CH06>课堂案例1：制作玻璃材质.mp4
技术掌握	使用材质球完成玻璃材质的制作

制作玻璃材质

根据本章所讲内容，使用Cinema 4D的默认材质系统制作玻璃材质，最终效果如图6-34所示。

图6-34

（1）打开包含本节需要使用的模型的场景，新建一个空白材质球，在"透明"选项卡中设置"折射率预设"为"玻璃"，如图6-35所示。

（2）在"反射"选项卡中，设置"类型"为"GGX"、"粗糙度"为20%、"高光强度"为11%、"菲涅耳"为"绝缘体"、"预置"为"玻璃"，如图6-36所示。将这个材质赋予玻璃瓶模型。

图6-35

（3）给玻璃瓶下面的盘子创建材质。创建一个空白材质球，取消勾选"颜色"，勾选"反射"，在"反射"选项卡中设置"类型"为"GGX"、"粗糙度"为25%、"高光强度"为20%，如图6-37所示。把这个材质赋予盘子。

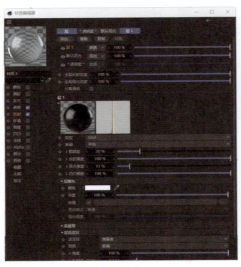

图6-36

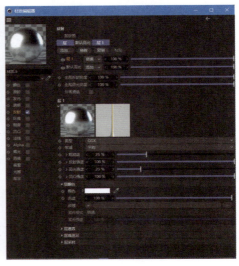

图6-37

（4）场景中地面和立方体都使用纯白材质，场景中已经添加了"物理天空"，并且"渲染设置"窗口中勾选了"全局光照"和"环境吸收"，单击"渲染到图像查看器"按钮，渲染效果如图6-38所示。

图6-38

6.6　课堂案例2：制作金属材质

制作金属材质

本节主要讲解使用Cinema 4D的默认材质系统制作金属材质，最终效果如图6-39所示。

图6-39

（1）打开包含本节需要使用的模型的场景，场景中有一个易拉罐模型和一个底座模型。新建一个空白材质球，在"颜色"选项卡中设置材质"颜色"为（R：94，G：94，B：94），如图6-40所示。

（2）将上一步制作好的材质赋予地面，如图6-41所示。

（3）将这个材质球复制一个，在"反射"选项卡中，单击"添加"按钮，在弹出的菜单中选择"GGX"，为材质添加GGX反射，设置"粗糙度"为25%、"反射强度"为120%、"高光强度"为20%；在"层颜色"栏中设置"颜色"为（R：94，G：94，B：94），设置"菲涅耳"为"导体"、"预置"为"铬"，如图6-42所示。

（4）将上一步制作好的材质赋予底座模型，如图6-43所示。

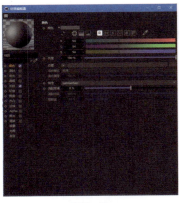

图6-40

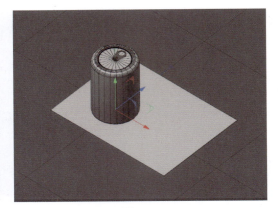

图6-41

图6-42

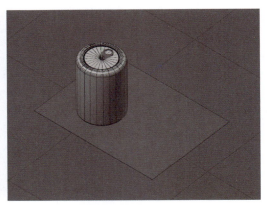

图6-43

（5）制作易拉罐模型主体的红色金属材质。创建一个空白材质球，取消勾选"颜色"，单击"添加"按钮，在弹出的菜单中选择"GGX"，为材质添加GGX反射，设置"粗糙度"为20%、"反射强度"为50%、"高光强度"为50%；在"层颜色"栏中设置"颜色"为（R：255，G：30，B：0），设置"菲涅耳"为"导体"、"预置"为"钢"，如图6-44所示。

（6）将这个红色金属材质赋予易拉罐模型主体，如图6-45所示。

图6-44

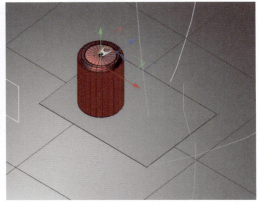

图6-45

（7）制作不锈钢材质。新建一个空白材质球，取消勾选"颜色"，在"反射"选项卡中单击"添加"按钮，在弹出的菜单中选择"GGX"，为材质添加GGX反射，设置"粗糙度"为10%、"反射强度"为100%、"高光强度"为20%；在"层颜色"栏中设置"颜色"为白色，设置"菲涅耳"为"导体"、"预置"为"钢"，如图6-46所示。

（8）将这个不锈钢材质赋予易拉罐模型上的拉环和4个圆环面对象，如图6-47所示。

 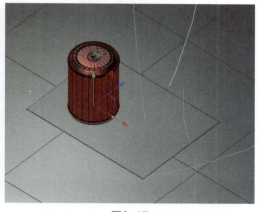

图6-46　　　　　　　　　　　　　　　　　图6-47

（9）由于场景中的灯光和HDRI环境已经设置好了，并且已经添加了"全局光照"和"环境吸收"，因此这里只需要单击"渲染到图像查看器"按钮，渲染效果如图6-48所示。

图6-48

6.7　课堂案例3：利用OC为场景制作材质

资源位置

素材文件	素材文件>CH06>课堂案例3：利用OC为场景制作材质
实例文件	实例文件>CH06>课堂案例3：利用OC为场景制作材质.c4d
视频文件	视频文件>CH06>课堂案例3：利用OC为场景制作材质.mp4
技术掌握	OC中材质的制作

利用OC为场景制作
材质

本节使用OC完成场景的材质设定并渲染，最终效果如图6-49所示。

图6-49

（1）打开包含本节需要使用的模型的场景，将OC的"Live Viewer"窗口拖动到界面的左侧，方便观察，如图6-50所示。

（2）本案例的场景中已经添加了HDRI光照效果，单击"渲染到图像查看器"按钮，渲染效果如图6-51所示。此时没有材质，所以渲染出来是白模。

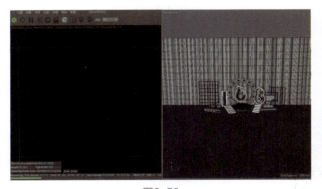

图6-50

图6-51

（3）给场景中的幕布制作材质。新建一个"Octane漫射材质"，在"Diffuse"选项卡中将颜色设置为（R：203，G：22，B：53），将这个材质赋予场景中的幕布，如图6-52所示。

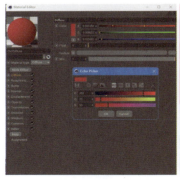

图6-52

（4）给场景中的圆形拱门制作材质。创建一个"Octane光泽材质"，取消勾选"Diffuse"，在"Index"选项卡中将"Index"设置为1，在"Specular"选项卡中设置颜色为（R：48，G：119，B：191），在"Roughness"选项卡中增大粗糙度。将这个材质赋予圆形拱门，如图6-53和图6-54所示。

图6-53

图6-54

（5）给底座和文字设置材质。新建一个"Octane漫射材质"，设置漫射的颜色为（R：252，G：205，B：84），将这个材质赋予文字和底座，如图6-55所示。

图6-55

（6）为剩余模型制作金属材质。新建一个"Octane光泽材质"，取消勾选"Diffuse"，在"Index"选项卡中将"Index"调整为1，在"Specular"选项卡中调整反射的颜色为（R：253，G：210，B：151），设置完成后，将该材质赋予立方体、楼梯、拱门上的球体、后面的网格装饰物、礼物盒等，如图6-56所示。

图6-56

（7）给地面制作材质。新建一个"Octane漫射材质"，设置颜色为（R：254，G：234，B：112），将其赋予地面，最终的渲染效果如图6-57所示。

图6-57

6.8　本章小结

本章详细讲解了Cinema 4D中材质的设定方法，通过讲解颜色、反射、发光、透明等设置，让读者熟悉不同材质的制作方法。本章还介绍了Cinema 4D中灯光的设定方法、渲染的设置方法，使读者更加了解灯光、渲染设置方面的知识，为后续制作商业案例奠定基础。

6.9　课后练习：制作发光材质

资源位置

素材文件	素材文件>CH06>课后练习：制作发光材质
实例文件	实例文件>CH06>课后练习：制作发光材质.c4d
视频文件	视频文件>CH06>课后练习：制作发光材质.mp4
技术掌握	发光材质的制作

制作发光材质

本节练习制作发光材质，最终效果如图6-58所示。

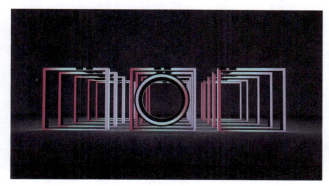

图6-58

（1）打开包含本节需要使用的模型的场景，新建一个空白材质球，勾选"发光"，如图6-59所示。

（2）在"发光"选项卡中将"亮度"设置为600%，随后单击"纹理"下拉按钮，在弹出的菜单中选择"渐变"，打开渐变着色器界面，如图6-60所示。

（3）制作渐变发光效果。在渐变色条下方的中间位置单击，新建一个渐变节点，分别设置渐变色条起点位置、中间位置、终点位置的渐变节点的颜色为（R：204，G：0，B：112）、（R：104，G：250，B：255）、（R：171，G：157，B：255），如图6-61所示。

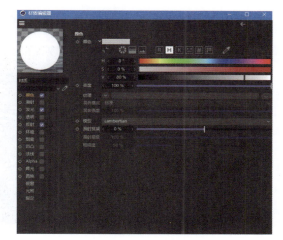

图6-59

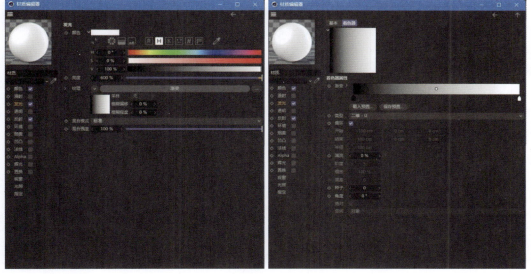

图6-60

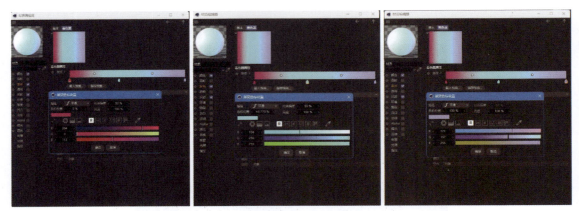

图6-61

（4）将制作好的发光材质赋予场景中的模型，不在场景中设定灯光，以查看材质的自发光效果。单击"渲染到图像查看器"按钮，可以看到模型的渐变发光效果，如图6-62所示。

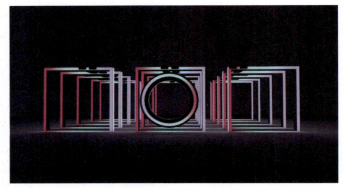

图6-62

第 7 章

7

Cinema
4D动画

本章将详细讲解Cinema 4D的基础动画技术，包括如何通过关键帧和动画面板制作出基本的平移、旋转、变形等关键帧动画，以及如何通过动力学制作出交互效果等。通过本章的学习，读者可以掌握基本动画的制作方法。

本章思维导图

7.1 关键帧动画

Cinema 4D场景中物体在每一个时刻的位置、变换、效果都能被关键帧记录，记录某个关键帧后，物体任何参数的变动都能在下一个关键帧中反映出来，例如物体的移动、物体的旋转、物体的破碎效果等。关键帧的设置需要在动画面板中进行，如图7-1所示。

图7-1

动画开始（图7-1中标注为1的位置）：设置动画从哪一帧开始，默认从第0帧开始。

自动关键帧（图7-1中标注为2的位置）：开启后，不需要每次手动设置关键帧。一般都要手动开启。

动画最后一帧（图7-1中标注为3的位置）：动画的最后一帧，取决于动画的长度。

向前播放（图7-1中标注为4的位置）：单击后可以播放动画。

"关键帧"在各种二维、三维软件中是统一的概念，例如早期的Flash、如今的After Effects都有用到关键帧。关键帧记录某一时刻的场景，场景中每个对象的参数在这个关键帧中都是唯一的。由于时间轴上可能存在若干个关键帧，因此对象在某一关键帧的参数在另一个关键帧可能改变，也可能不变。当参数改变时，就产生了动画，这类动画被称为关键帧动画。

在Cinmea 4D中实现关键帧动画的方法是先在动画面板中单击"自动关键帧"按钮，之后在起始帧单击"记录关键帧"按钮记录关键帧，最后在结束帧按照同样的方法记录一次关键帧，这样就可以产生动画。

7.2 摄像机

　　摄像机是用来记录场景的，也是渲染前必须创建的对象，便于在场景中找到合适的视角。在建模工具栏中单击"摄像机"按钮，如图7-2所示，就可以创建一个摄像机。

　　双击对象面板中的摄像机图标，如图7-3所示，就可以切换到摄像机视角。

图7-2　　　　　　　　图7-3

　　创建摄像机后，可以通过摄像机镜头观察物体，移动摄像机的时候，整个镜头也会跟着移动，类似于电影拍摄使用的摄像机。对摄像机进行不同的操作，可以产生不同的动画。

　　图7-4所示为摄像机参数。

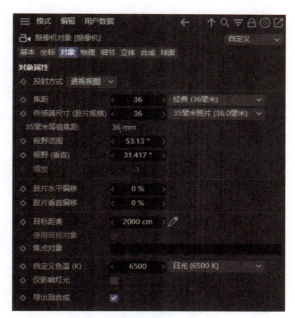

图7-4

摄像机常用参数介绍如下。

投射方式：设置摄像机投射的视图。

焦距：设置焦点到摄像机的距离，默认值是36。如果需要平行视图，则设置为300。

视野范围：设置摄像机覆盖的范围。

胶片水平偏移/胶片垂直偏移：设置摄像机水平和垂直移动的距离。

目标距离：设置摄像机和目标对象之间的距离。

自定义色温（K）：设置渲染时摄像机的色温。

　　通过修改摄像机参数，可以对视图的透视关系等进行调整，产生不同的透视效果。当需要使用一般的透视效果时，"投射方式"保持默认的"透视视图"；当需要设计2.5D的平行效果时，"投射方式"选择"平行视图"。

7.3 Cinema 4D动力学

在Cinema 4D的动画模块中，除了关键帧动画和摄像机，另一个重要的模块就是动力学。动力学对物体进行分类，用于计算场景中物体之间的相互影响，从而模拟现实世界中的各种效果。它将物体分为刚体、柔体、碰撞体、检测体、布料等。要将一个对象变为刚体、柔体、碰撞体，需要在对象面板中给对象打上对应的标签。

在对象面板中，右击某个对象，在弹出的快捷菜单中选择"模拟标签"，在"模拟标签"子菜单中可以找到想要设置的动力学类型，如图7-5所示。

图7-5

7.3.1 刚体

"刚体"用于模拟表面坚硬的物体，如金属、砖等。添加了"刚体"标签的物体在碰撞的过程中会反弹。刚体参数如图7-6所示。

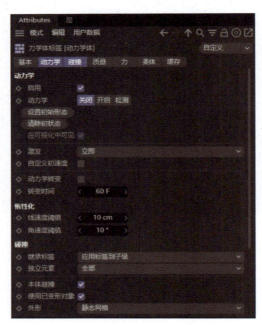

图7-6

刚体常用参数介绍如下。

动力学：设置是否开启动力学效果，默认为"开启"。

激发：有"立即""在峰速""开启碰撞""由XPresso"4种模式，用来设置刚体对象的碰撞方式。

自定义初速度：设置刚体的初速度，分为"初始线速度"和"初始角速度"。

反弹：设置刚体的反弹力度。数值越大，反弹越强烈；数值越小，反弹越弱。

摩擦力：设置刚体与碰撞体之间的摩擦力。

7.3.2　柔体

"柔体"用于模拟表面柔软的物体，如枕头、棉花等。柔体会在碰撞过程中产生形变，而刚体不会产生形变。柔体参数如图7-7所示。

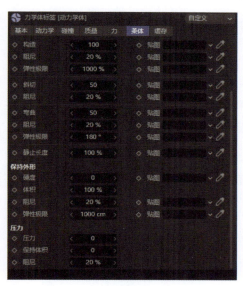

图7-7

柔体常用参数介绍如下。
柔体：默认为"由多边形/线构成"，一般保持默认。
构造：设置柔体在碰撞时的形变效果。
阻尼：设置柔体碰撞时的阻尼。
硬度：设置柔体表面硬度。

7.3.3　碰撞体

"碰撞体"是模拟刚体或者柔体产生碰撞时，被碰撞而不动，只会产生一些作用力的对象。要想让一个对象成为碰撞体，需要在对象面板中右击这个对象，在弹出的快捷菜单中选择"模拟标签"，在"模拟标签"子菜单中选择"碰撞体"。碰撞体参数如图7-8所示。

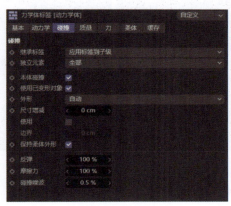

图7-8

碰撞体常用参数介绍如下：

反弹：设置反弹的强度。数值越大，反弹越强。

摩擦力：设置碰撞时模拟现实世界的摩擦力。

7.4 课堂案例1：制作物体旋转关键帧动画

资源位置

素材文件	素材文件>CH07>课堂案例1：制作物体旋转关键帧动画
实例文件	实例文件>CH07>课堂案例1：制作物体旋转关键帧动画.c4d
视频文件	视频文件>CH07>课堂案例1：制作物体旋转关键帧动画.mp4
技术掌握	关键帧动画的制作

制作物体旋转
关键帧动画

本节制作物体旋转关键帧动画，最终效果如图7-9所示。

图7-9

（1）启动Cinema 4D，在场景中创建一个齿轮样条，调整齿轮样条的"齿"为12，如图7-10（左）所示。创建一个"挤压"对象，将齿轮挤压，设置挤压"偏移"为45cm，效果如图7-10（右）所示。

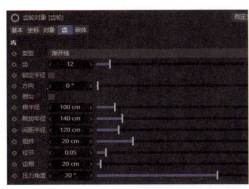
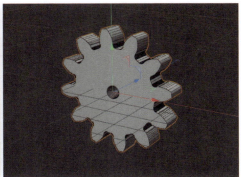

图7-10

（2）再创建一个齿轮样条，设置"齿"为12、"根半径"为80cm、"附加半径"为110cm，并挤压，使其厚度与上一步创建的齿轮相同，如图7-11所示。

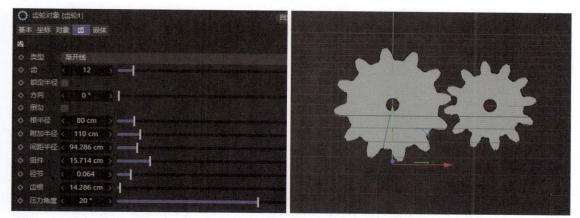

图7-11

（3）在动画面板中设定动画长度为120帧，在第0帧单击"自动关键帧"按钮，设置大齿轮"坐标"选项卡中的"R.B"为0°，单击其左边的"记录关键帧"按钮，记录一个关键帧。切换到第120帧，将大齿轮的"R.B"设置为162°，记录一个关键帧，如图7-12所示。单击"向前播放"按钮，这时大齿轮产生了转动的动画。

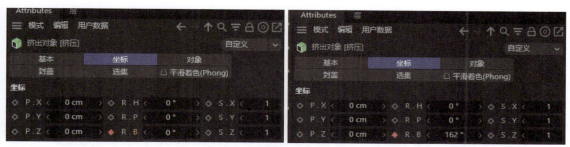

图7-12

（4）同理，在第0帧设置小齿轮"坐标"选项卡中的"R.B"为0°，单击其左边的"记录关键帧"按钮，记录一个关键帧。切换到第120帧，将小齿轮的"R.B"设置为-317°，记录一个关键帧，如图7-13所示。单击"向前播放"按钮，小齿轮和大齿轮都产生了转动的动画。

图7-13

（5）创建一个空白材质球，在"颜色"选项卡中设置"颜色"为（R：40，G：204，B：126）；在"反射"选项卡中设置"类型"为"GGX"、"粗糙度"为5%、"反射强度"为20%、"菲涅耳"为"导体"、"预置"为"钢"，如图7-14所示。将此材质赋予两个齿轮。

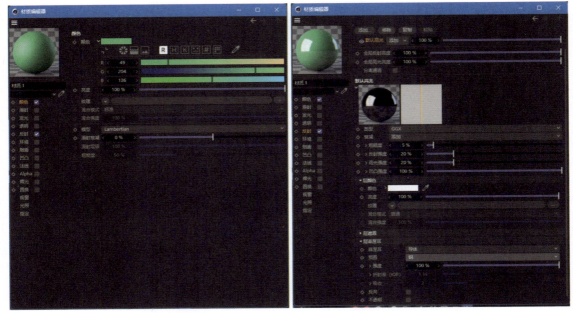

图7-14

（6）在场景中新建一个"物理天空"，同时在"渲染设置"窗口中勾选"全局光照"和"环境吸收"，设置"帧范围"为"全部帧"，如图7-15所示。

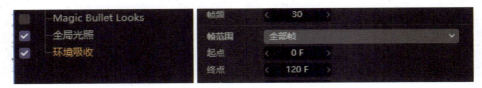

图7-15

（7）单击"渲染到图像查看器"按钮，进行渲染，最终动画效果如图7-16所示。

图7-16

7.5 课堂案例2：制作挖掘机移动、转向动画

资源位置

素材文件	素材文件>CH07>课堂案例2：制作挖掘机移动、转向动画
实例文件	实例文件>CH07>课堂案例2：制作挖掘机移动、转向动画.c4d
视频文件	视频文件>CH07>课堂案例2：制作挖掘机移动、转向动画.mp4
技术掌握	场景内角色动画的制作

制作挖掘机移动、
转向动画

本节主要完成一个挖掘机在场景中移动，同时转向的动画，这里的动画包括关键帧动画、克隆动画等，最终动画效果如图7-17所示。

图7-17

（1）启动Cinema 4D，打开场景，这个场景中包含本节要用到的挖掘机模型，并且已经根据动画的内容提前将挖掘机模型进行了分组，如图7-18所示。由于挖掘机的两个履带需要同时向前运动，并且挖掘机上部分要转向，因此将履带和底座合成一个组，命名为"底盘"，将驾驶室和挖斗合成一个组，命名为"车体"，方便制作动画。

（2）单击"自动关键帧"按钮，在第1帧选中底盘模型中履带的"克隆"对象，设置"偏移"为0%，单击"偏移"左边的"记录关键帧"按钮，如图7-19所示。

图7-18

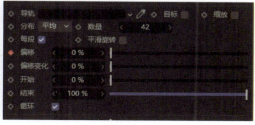

图7-19

（3）设置动画长度为180帧，在第180帧调整"偏移"为95%，如图7-20所示。单击"向前播放"按钮，可以看到"克隆"对象开始运动，也就是履带开始转动。

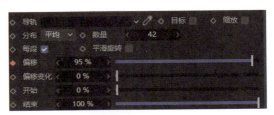

图7-20

（4）选中"底盘"组，在第0帧设置"坐标"选项卡中的"P.Z"为493.342 cm，并单击其左边的"记录关键帧"按钮；切换到第180帧，设置"坐标"选项卡中的"P.Z"为–363.434cm，如图7-21所示。

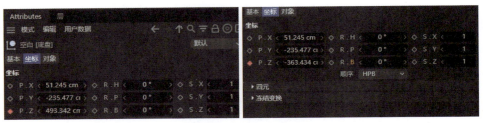

图7-21

（5）选中"车体"组，由于车体不仅在平移，同时还在旋转，因此需要调整其水平坐标和旋转坐标。在第0帧设置"坐标"选项卡中的"P.Z"为420.566cm、"R.H"为0°，然后单击这两个参数左边的"记录关键帧"按钮；在第180帧设置"P.Z"为–363.434cm、"R.H"为78°，如图7-22所示。单击"向前播放"按钮，查看动画效果。

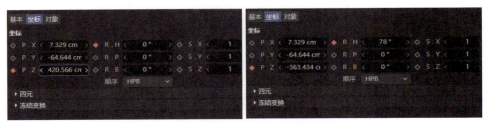

图7-22

（6）选择动画中的某3帧进行查看，单击"渲染到图像查看器"按钮，效果如图7-23所示。

图7-23

7.6 课堂案例3：制作动力学碰撞动画

资源位置

素材文件	素材文件>CH07>课堂案例3：制作动力学碰撞动画
实例文件	实例文件>CH07>课堂案例3：制作动力学碰撞动画.c4d
视频文件	视频文件>CH07>课堂案例3：制作动力学碰撞动画.mp4
技术掌握	动力学碰撞动画的制作

制作动力学碰撞
动画

　　本节利用动力学制作一个球体碰撞一面墙，墙体倒塌的动画，场景中有一个球体，一个用"克隆"工具制作的墙体。动画效果如图7-24所示。

图7-24

　　（1）启动Cinema 4D，在场景中创建一个球体，设置"半径"为30cm、"分段"为12；随后创建一个立方体，设置尺寸为（40 cm，40cm，40cm），如图7-25所示。

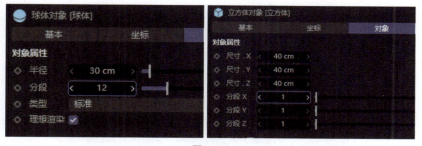

图7-25

　　（2）创建一个"克隆"对象，将上一步创建的立方体作为"克隆"对象的子对象，设置克隆"模式"为"网格"、"数量"为（6，6，1），尺寸为（43cm，43cm，200cm），如图7-26（左）所示；随后创建一个平面，设置其"高度分段"为4、"宽度分段"为4，效果如图7-26（右）所示。

　　（3）在动画面板中设定动画长度为270帧，选中"克隆"对象，为其添加"刚体"标签，如图7-27所示。

　　（4）选中平面，为其添加"碰撞体"标签，如图7-28所示。

　　（5）选中球体，为其添加"刚体"标签，在"动力学"选项卡中勾选"自定义初速度"，设置"初始线速度"为（0cm，0cm，800cm），如图7-29所示。

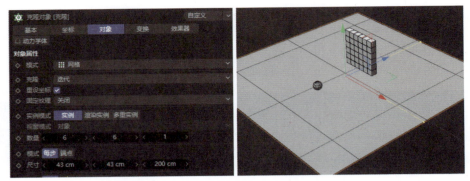

图7-26

图7-27

图7-28　　　　　　　　　图7-29

（6）单击"向前播放"按钮，此时小球就按照设定的初始线速度向前运动，碰到克隆墙体时就停止，可以看到墙体被碰撞得移动了一定的距离，但是没有被碰倒，其主要原因是小球的质量不够。单击"刚体"标签，在"质量"选项卡中设置"使用"为"自定义质量"、"质量"为800，如图7-30所示。

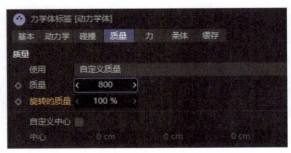

图7-30

（7）此时播放动画，可以看到小球和墙体发生了碰撞，小球穿墙而过，并将墙体的一部分撞倒，这就是动力学中刚体和碰撞体碰撞的动画过程。为本案例中的模型赋予材质并渲染，就形成了小球碰撞动画，其中3帧如图7-31所示。

图7-31

7.7 课堂案例4：制作动力学综合动画

资源位置

素材文件	素材文件>CH07>课堂案例4：制作动力学综合动画
实例文件	实例文件>CH07>课堂案例4：制作动力学综合动画.c4d
视频文件	视频文件>CH07>课堂案例4：制作动力学综合动画.mp4
技术掌握	动力学综合动画的制作

制作动力学综合
动画

本节制作动力学综合动画，场景中包括多个小球、一个导轨、一个小球发射器、一个半球体等。动画效果如图7-32所示。

图7-32

（1）启动Cinema 4D，在场景中新建一个折线样条，选中拐点，执行"倒角"，设置倒角"半径"为50cm，效果如图7-33所示。

（2）新建一个矩形样条，选中4个点，执行"倒角"，效果如图7-34所示。

（3）创建一个"扫描"对象，将前面制作的两个样条作为"扫描"对象的子对象，调整位置，扫描出小球发射器，如图7-35所示。

（4）创建一个球体，设置"半径"为300cm、"类型"为"标准"、"分段"为16，删除球体上半部分的面，使其成为一个半球体，随后删除底部的16个面，如图7-36所示。

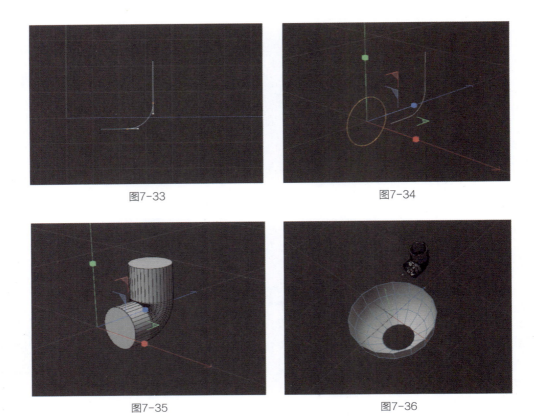

图7-33   图7-34

图7-35   图7-36

（5）创建一个"布料曲面"对象，"布料曲面"的作用是让面产生厚度，将这个半球体作为"布料曲面"对象的子对象，此时半球体就有了厚度，如图7-37所示。

（6）创建一个螺旋线样条，调整其"细分数"为8，效果如图7-38所示。

图7-37

图7-38

（7）创建一个圆环样条，将其转换为可编辑样条，取消勾选"闭合样条"，之后更改起点位置，使其变为半圆环样条，如图7-39所示。

（8）创建一个"扫描"对象，将螺旋线样条和半圆环样条作为"扫描"对象的子对象，生成小球导轨，调整半圆环样条的半径，直到大小合适，如图7-40所示。

（9）调整各模型的位置。在顶部创建一个球体，调整"半径"为30cm，"分段"保持默认；新建一个"克隆"对象，将球体作为"克隆"对象的子对象，修改"克隆"对象的"模式"为"线性"、"数量"为（1，10，1），效果如图7-41所示。

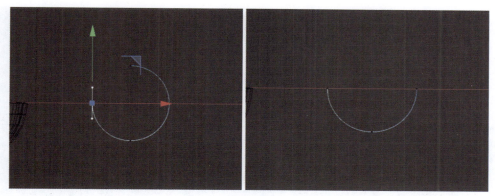

图7-39

图7-40

图7-41

（10）在对象面板中选择"克隆"对象，在其上右击，在弹出的快捷菜单中选择"模拟标签"→"刚体"，将其转换为动力学中的刚体，如图7-42所示。

图7-42

（11）在对象面板中选择半球体，在其上右击，在弹出的快捷菜单中选择"模拟标签"→"碰撞体"，将其转换为动力学中的碰撞体；选择导轨，在其上右击，在弹出的快捷菜单中选择"模拟标签"→"刚体"，将其转换为动力学中的刚体，并加上挡板，如图7-43所示。

（12）给场景中的模型设置不同的材质，部分参数设置如图7-44所示。

（13）单击"向前播放"按钮，播放动画，可以看到小球从空中落下，先经过小球发射器，然后与半球体中的挡板碰撞，在重力的影响下落入半球体的中央，随后落入导轨，顺着导轨落向地面。动画中的3帧如图7-45所示。

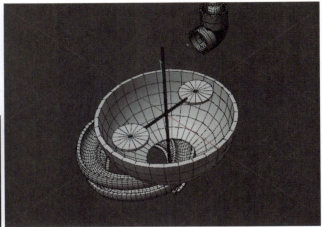

图7-43

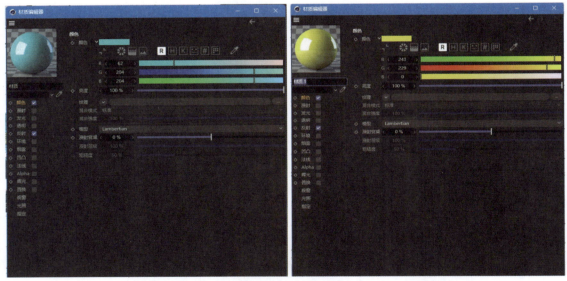

图7-44

图7-45

7.8 本章小结

本章主要讲解了Cinema 4D的动画模块，包括关键帧动画的概念，摄像机的设定，刚体、柔体、碰撞体等动力学标签，以及基本的关键帧动画、动力学动画的制作方法，并通过4个案例帮助读者巩固本章所学知识，学会独立完成Cinema 4D基本动画的制作。

7.9 课后练习：制作场景漫游动画

资源位置	
素材文件	素材文件>CH07>课后练习：制作场景漫游动画
实例文件	实例文件>CH07>课后练习：制作场景漫游动画.c4d
视频文件	视频文件>CH07>课后练习：制作场景漫游动画.mp4
技术掌握	场景漫游动画的制作

制作场景漫游动画

本节主要制作摄像机在场景中绕模型旋转的动画，以便对模型进行展示。这种方法广泛应用于产品展示。本节最终效果如图7-46所示。

图7-46

（1）启动Cinema 4D，打开场景，场景中有一个挖掘机模型。在场景中新建一个摄像机，参数保持默认设置，随后新建一个"空白"对象，将摄像机作为这个"空白"对象的子对象，如图7-47所示。

图7-47

（2）设置动画长度为270帧，单击"自动关键帧"按钮，随后选中"空白"对象，切换到第0帧，设置"R.H"为0°，单击该参数左边的"记录关键帧"按钮，如图7-48所示。

（3）切换到第270帧，将"空白"对象的"R.H"设置为720°，如图7-49所示。

图7-48   图7-49

（4）切换到摄像机视图，单击"向前播放"按钮，这时摄像机围着场景中间的挖掘机旋转，从0°旋转720°。单击"渲染到图像查看器"按钮，查看动画渲染效果，其中3帧如图7-50所示。

图7-50

第 8 章

电商静态海报
设计实战

本章将讲解蒸汽朋克风格的电商静态海报的
设计过程。

本章思维导图

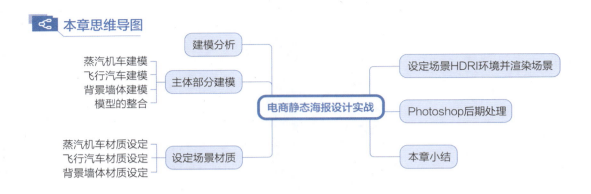

资源位置

素材文件　素材文件>CH08>电商静态海报设计实战

实例文件　实例文件>CH08>电商静态海报设计实战.c4d

视频文件　视频文件>CH08>电商静态海报设计实战.mp4

技术掌握　电商静态海报的制作

　　电商场景分为很多类，主要出现在海报、产品上，其设计创意层出不穷，设计方法也多种多样。本章的电商场景采用的是蒸汽朋克风格，以蒸汽机车为主角，利用能源、技术、材料、交通工具等，构建平行于19世纪工业革命的架空世界，具有虚构和怀旧等特点。这在海报设计中是一种新的尝试。

　　对场景进行分析和拆解，发现场景包含蒸汽机车模型、飞行汽车模型、背景墙体模型、装饰模型等。模型和材质按照模块划分进行创建，最后统一设置环境并渲染。

　　本章依照建模分析、建模、设定材质、设定环境、渲染、后期处理的流程来对这个案例进行讲解，案例最终效果如图8-1所示。

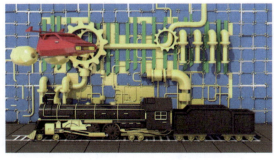

图8-1

8.1　建模分析

　　在正式制作之前，需对案例的模型进行分析，以便有明确的制作流程和思路。在本案例中，场景由背景墙体、飞行汽车、蒸汽机车等构成。用红色线框对场景进行拆分，如图8-2所示。在拆解和分析场景后，就可以开始建模了。

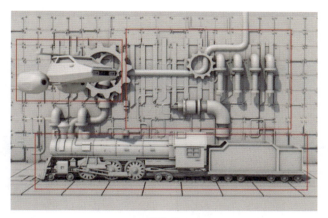

图8-2

8.2　主体部分建模

本节对场景的主体部分（包括蒸汽机车、飞行汽车、背景墙体）进行建模。

主体部分建模（1）　主体部分建模（2）　主体部分建模（3）

8.2.1　蒸汽机车建模

（1）创建一个圆柱体，设置"半径"为25cm、"高度"为300cm、"方向"为"+Z"，并将其转换为可编辑对象，作为蒸汽机车的主体。切换到面模式，选择圆柱体的一个底面，执行"嵌入"，向内嵌入一定距离后执行"挤压"，向外挤压2cm。重复执行这个操作两次，形成3层的挤压面，如图8-3所示。

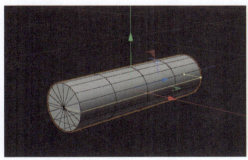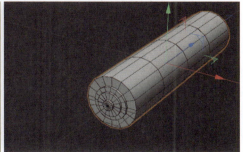

图8-3

（2）创建一个管道，设置"外部半径"为21cm、"内部半径"为20cm、"旋转分段"为18、"高度分段"为1、"方向"为"+Z"，调整高度，切换到右视图，并将其复制3份，作为蒸汽机车储水箱的接口模型，如图8-4所示。

（3）创建一个圆柱体，设置"半径"为10cm、"高度"为20cm、"旋转分段"为14，"高度分段"为1，将其作为蒸汽机车主烟囱的基础模型；将其转换为可编辑对象，在对烟囱的竖向三等分的位置添加循环边，将位于第二层的循环

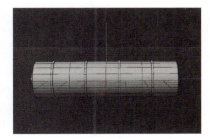

图8-4

边放大，形成烟囱中间变粗的模型。最后对每一层新增循环边的位置执行向外挤压，挤压偏移为3cm，如图8-5所示。

（4）创建一个立方体，将其尺寸设置为（13cm，13cm，13cm）；将其转换为可编辑对象，选中侧面所有的面，执行"嵌入"，向内嵌入一定的距离，再执行"挤压"，向内挤压一定的距离。之后选中顶部的面，向内嵌入并向上挤压3次，形成阶梯。最后选中底部的面，向内嵌入后，向下挤压3次，并调整点让其向内与蒸汽机车车体连接起来。车灯的模型就制作好了，如图8-6所示。

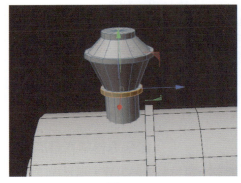
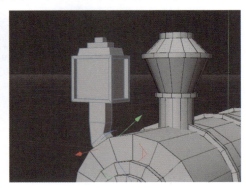

图8-5   图8-6

（5）创建一个圆柱体，放置在车灯中间，设置"半径"为6cm、"高度"为10cm、"高度分段"为1、"旋转分段"为16、"方向"为"+Z"。将该圆柱体的顶面向内嵌入、向内挤压，制作车灯的灯罩模型，如图8-7所示。

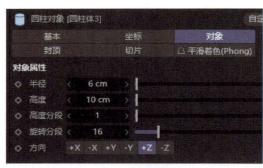
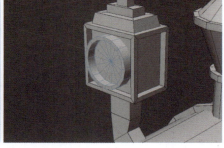

图8-7

（6）创建一个立方体，设置尺寸为（2cm，25cm，6cm），复制一份，作为梯子竖边；再创建一个立方体，设置尺寸为（8cm，2cm，6cm），复制两份，竖直摆放，作为梯子横边。按Alt+G组合键将梯子竖边和横边组合在一起，复制一份并放在另一侧。蒸汽机车前部的梯子模型制作完成，如图8-8所示。

（7）创建一个立方体，设置尺寸为（15cm，30cm，25cm）；将其转换为可编辑对象，切换到边模式，并选择侧面4条边，执行"倒角"，设置倒角"偏移"为8cm、"细分"为6。新建两个圆柱体，半径分别为6cm和4cm，将其圆心放在一起，将半径较小的圆柱体沿z轴向前移动2cm，效果如图8-9（a）所示。将所得模

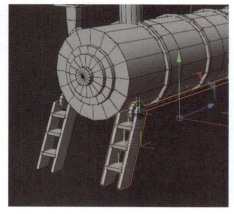

图8-8

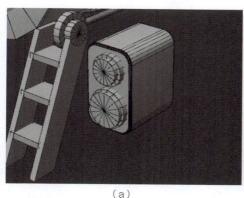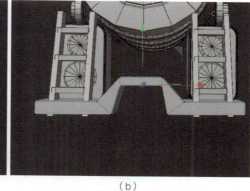

（a）　　　　　　　　　　　　（b）

图8-9

型复制一份放到另一侧。新建一个立方体，设置尺寸为（70cm，4cm，20cm）、"分段X"为5、"分段Y"为1、"分段Z"为1。将其转换为可编辑对象，切换至点模式，在正视图调整点的位置，调整为图8-9（b）所示的模型，作为火车前铲的顶部。

（8）创建一个"半径"为10cm、"高度"为30cm、"高度分段"为1、"旋转分段"为16的圆柱体。将其顶面向上挤压，给它添加一个"细分曲面"生成器，执行"循环/路径切割"，为其添加循环边，让其边界更加圆滑。将它放在储水箱上，作为烟囱模型，如图8-10所示。

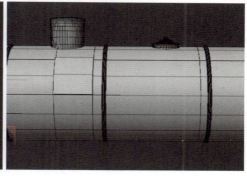

图8-10

（9）在蒸汽机车正前方底部创建一个立方体，设置尺寸为（70cm，30cm，5cm）、"分段X"为2、其他分段为1。将其转换为可编辑对象，切换到点模式，向前拖动其底边中间的点，形成斜面，如图8-11所示。

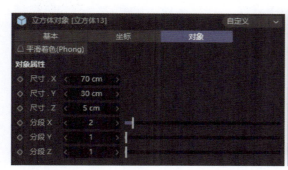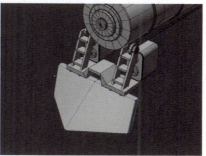

图8-11

（10）创建一个立方体，设置尺寸为（4cm，20cm，85cm）。创建一个"克隆"对象，设置"模式"为"网格"、"数量"为（7，1，1），将新创建的立方体作为"克隆"对象的子对象。创建一个"布尔"对象，让"克隆"对象和上一步创建的模型进行布尔运算，设置"布尔类型"为"A减B"，生成孔洞，形成蒸汽机车的前铲模型，如图8-12所示。

图8-12

（11）对上一步创建的蒸汽机车前铲模型的上部和下部各添加一条循环边，位置在孔洞之外，然后将上下部分新生成的面选中并且向外挤压，如图8-13所示。

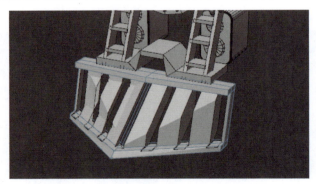

图8-13

（12）创建一个圆柱体，设置"半径"为20cm、"高度"为10cm、"高度分段"为1、"旋转分段"为16、"方向"为"-X"，如图8-14（左）所示。将其转换为可编辑对象，执行4次"嵌入""挤压"组合操作，每次嵌入和挤压的方向参考图8-14（右）。

图8-14

（13）创建一个圆柱体，设置"半径"为60cm、"高度"为10cm、"高度分段"为20；选中顶部的面，向内嵌入、挤压，重复3次，形成蒸汽机车车轮的形状。随后创建一个"克隆"对象，将一个"半径"为5cm、"高度"为20cm的小圆柱体作为"克隆"对象的子对象，设置克隆"模式"为"放射"、"数量"为14，克隆出一圈圆柱体。最后创建一个"布尔"对象，设置"布尔类型"为"A减B"，对车轮模型与"克隆"对象执行布尔运算，用小圆柱体在车轮上挖洞，形成图8-15所示的车轮模型。

图8-15

（14）将上一步制作好的车轮复制两个，摆放到图8-16所示的位置，然后复制3个车轮到另一侧。新建一个圆柱体，设置"半径"为8cm、"高度"为3cm、"方向"为"-X"。将其转换为可编辑对象，选中顶部的面，执行"嵌入""挤压"操作，使其中间有轮子轴心的凸起。最后将小车轮复制3个，放在大车轮的两边，各两个，如图8-16所示。

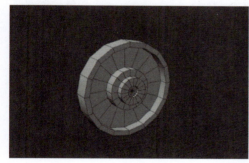

图8-16

（15）选中所有车轮，复制到另一侧，创建一个样条，形状如图8-17（左）所示，可以利用正视图和右视图进行创建，创建好之后，对样条的拐点执行"倒角"，形成圆弧。车体上的管道模型制作完成。新建一个立方体，设置尺寸为（20cm，50cm，280cm），方向为默认。将其放置在蒸汽机车水箱的下方，如图8-17所示。

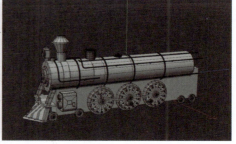

图8-17

（16）创建一个圆柱体，设置"半径"为0.5cm、"高度"为52 cm、"高度分段"为1、"旋转分段"为默认，创建一个克隆，"模式"为放射、"数量"为22，将其放在车头的位置，形成车头铆钉的模型。同样的方法，做出横向的铆钉，放在车头正面的位置，如图8-18所示。

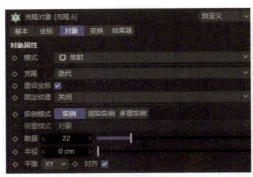

图8-18

（17）创建两个立方体，设置尺寸为（90cm，80cm，85cm）。将其放置在蒸汽机车的后部，比蒸汽机车的前部大一些。将其转换为可编辑对象，选中顶端的两条边，执行"倒角"，使其顶端变为半圆形，形成驾驶室模型。再创建两个立方体，调整其大小，放置在驾驶室的前面和侧面，作为驾驶室的窗户，如图8-19所示。

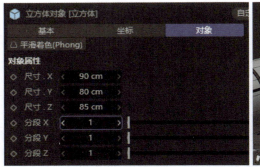
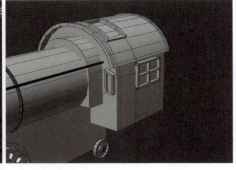

图8-19

（18）按照第3章讲解的样条创建方法，创建图8-20所示的两个样条，将其作为蒸汽机车的车轮部位和传动部位的零部件，并对第二个样条的拐点执行"倒角"，如图8-20所示。

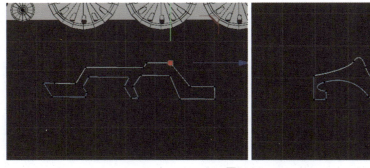

图8-20

（19）对上一步创建的样条执行"挤压"，设置挤压"偏移"为5 cm，将这两个模型放置在车轮的前部和后部，如图8-21所示。

（20）按照上一步的方法，对车轮部分的其他部件进行建模，最终车轮细节如图8-22所示。

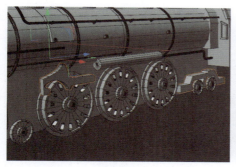
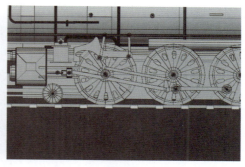

图8-21　　　　　　　　　　　　　　　图8-22

（21）在蒸汽机车的驾驶室下随意创建若干样条，用"半径"为5cm的圆环样条对其执行"扫描"，形成若干导管模型。读者可以使用基础几何体创建其他部件，并摆放在合适的位置，最终蒸汽机车模型如图8-23所示。

图8-23

至此，蒸汽机车与轨道模型制作完毕，接下来制作飞行汽车和背景墙体的模型，最后统一制作材质。

8.2.2　飞行汽车建模

（1）创建一个立方体，设置尺寸为（120cm，80cm，100cm）、"分段Y"为2。将其转换为可编辑对象，切换到面模式，选中立方体后部上半部分的面，执行"挤压"，向后挤压一定的距离，保证模型造型合理即可。之后选中顶部的后两个面，向上挤压一定的距离，距离根据模型的大小来自由调整，汽车初步模型制作完成，如图8-24所示。

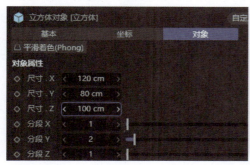
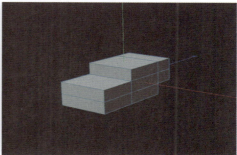

图8-24

（2）切换到点模式，在右视图中调整模型的点，形成汽车的形状，主要是对车头、车尾部分进行压缩；再切换到透视视图，通过调整点做出车体上的左右凸起，如图8-25所示。

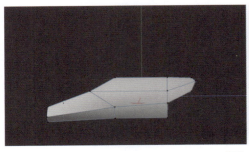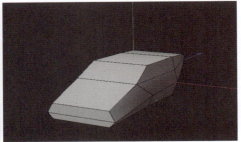

图8-25

（3）切换到面模式，选中汽车挡风玻璃和侧面玻璃的面，先执行向内"嵌入"，再执行向内"挤压"。选中车头发动机盖的面，先执行向内"嵌入"，再执行向外"挤压"。选中车头车灯所在的面，先执行向内"嵌入"，再执行向内"挤压"。挤压和嵌入的距离可以根据造型自行调整，效果如图8-26所示。

（4）创建一个立方体，设置尺寸为（30cm，20cm，15cm），对其前面执行"嵌入"并向内"挤压"，形成车灯。复制一份后，放置在车头的位置，如图8-27所示。

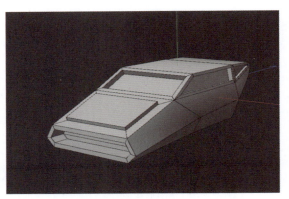

图8-26

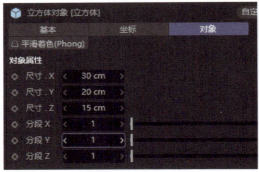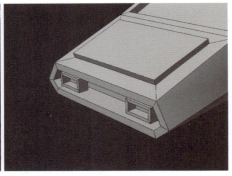

图8-27

（5）创建一个立方体，设置尺寸为（160cm，5cm，20cm），用来制作尾翼模型。将立方体转换为可编辑对象，在其左右两侧分别增加一条循环边，执行"挤压"，形成尾翼模型，并将其旋转30°。新建一个立方体，设置尺寸为（2cm，50cm，8cm），将其作为尾翼的支撑架，放在尾翼的下方支撑处，如图8-28所示。

（6）创建一个圆柱体，设置"半径"为50cm、"旋转分段"为12，对前后两个面执行"挤压"，每次挤压后的面都比上一次小，调整挤压出的面，使其成为火箭发射器引擎的形状。复制一份，将这两个模型放在汽车尾部两侧，作为喷气引擎，如图8-29所示。

（7）创建一个立方体，设置尺寸为（20cm，6cm，32cm），将其作为车门把手，制作完成的飞行汽车模型如图8-30所示。

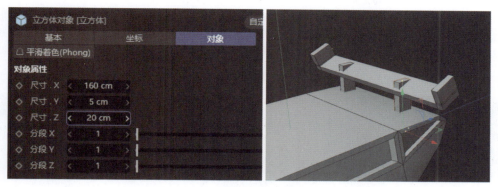

图8-28

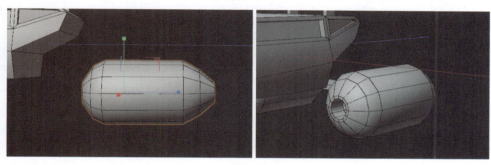

图8-29

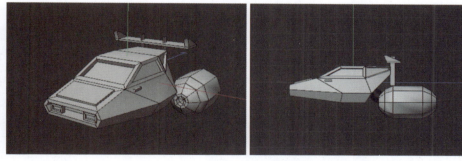

图8-30

8.2.3　背景墙体建模

（1）创建两个平面，设置"宽度分段""高度分段"均为1，设置尺寸为（400cm，600cm），将其中一个平面旋转90°，使两个平面相互垂直，如图8-31所示。

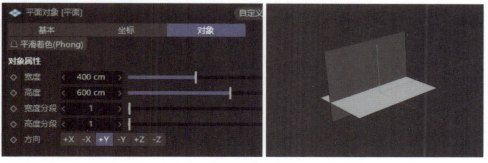

图8-31

（2）创建图8-32（左）所示的样条，选中样条拐点，执行"倒角"，使转弯位置的曲率接近90°。创建一个圆环样条，设置"半径"为10cm；创建一个"扫描"对象，对上面一个样条和这个圆环样条进行扫描，较粗的管道就制作出来了。再创建一个圆环样条，设置"半径"为3cm；创建一个"扫描"对象，将下面的若干样条扫描成较细的管道，最终效果如图8-32（右）所示。

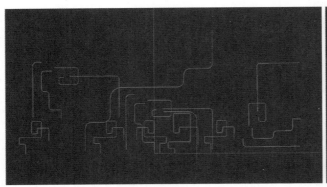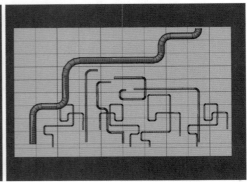

图8-32

（3）创建一个立方体，设置尺寸为（4cm，40cm，40cm）；创建4个小的圆柱体，设置"半径"为1cm，放置在立方体4个角上，作为螺丝钉。按Alt+G组合键将立方体与4个小圆柱体组合成一个模型。创建一个"克隆"对象，设置"模式"为"网格"、"数量"为（1，12，31）、"尺寸"为（149cm，43cm，42cm）。创建一个"随机"效果器，设置"强度"为5%。背景墙体制作完成，参数设置如图8-33所示，最终效果如图8-34所示。

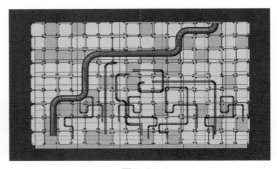

图8-33   图8-34

（4）使用同样的方法制作一个垂直于墙面的弯曲管道，同时放置几个圆柱体作为管道的下半部分。将制作好的管道复制2份，平行放置在墙面，如图8-35所示。

（5）使用同样的方法在背景墙体的右下部分创建一个转角为90°的管道，圆环样条的"半径"可设置为10cm。创建4个圆柱体，调整其大小与位置，将其放置在管道上部和中部，作为管道装饰，如图8-36所示。

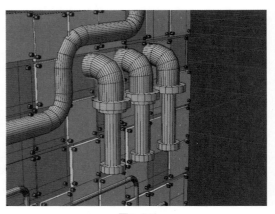

图8-35

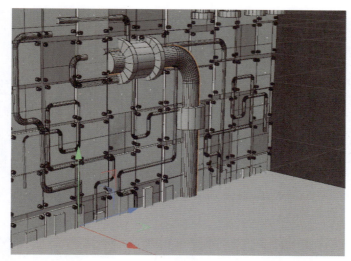

图8-36

（6）创建一个圆环面，设置"圆环半径"为56cm、"圆环分段"为12、"导管半径"为24cm、"导管分段"为11、"方向"为"-X"，勾选"切片"，设置"起点"为267°、"终点"为360°。在其下方添加两个"半径"为18cm的圆柱体，使其呈现包裹管道的效果。部分参数设置如图8-37所示，效果如图8-38所示。

图8-37

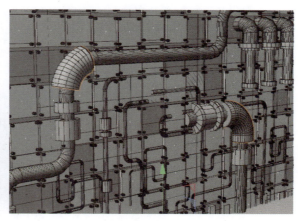

图8-38

（7）创建一个齿轮样条，设置"齿"为12、"根半径"为68.571cm、"附加半径"为81.667cm、"间距半径"为70m。将其挤压12cm。将齿轮复制3个，缩小后放置在原齿轮周围，作为装饰，如图8-39所示。

（8）将步骤（4）制作的管道复制两份，放置在背景墙体的左下角，如图8-40所示。

（9）创建一个立方体，设置尺寸为（120cm，30cm，10cm），为其添加一个"克隆"对象，设置克隆的"模式"为"对象"、"数量"为（1，1，21）、"尺寸"为（260cm，252cm，31cm）。随后为其添加一个"随机"效果器，设置"强度"为100%、"P.X"为1cm、"P.Y"为50cm、"P.Z"为50cm，作为背景墙体的栅格装饰。参数设置如图8-41所示，效果如图8-42所示。

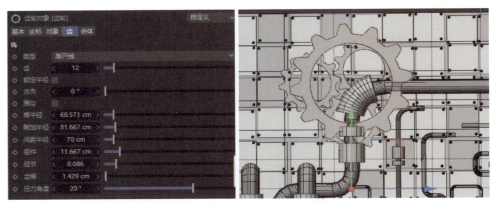

图8-39

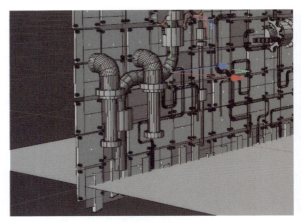

图8-40

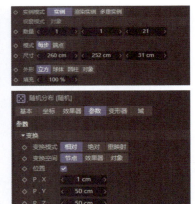

图8-41

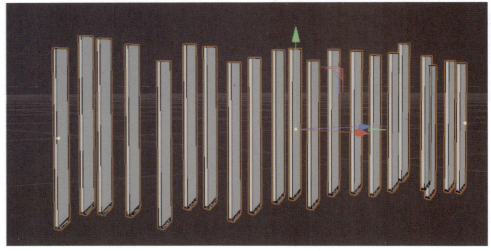

图8-42

（10）创建一个平面作为地面，再创建一个立方体，设置尺寸为（80cm，6cm，80cm）；创建一个"克隆"对象，将其"模式"设置为"网格"，设置"数量"为（11，1，8）、"尺寸"为（82cm，200cm，82cm），如图8-43所示。

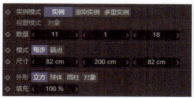
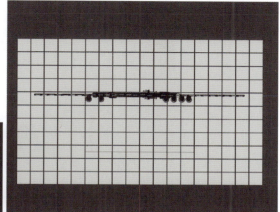

图8-43

（11）读者可以参考第2章多边形建模的内容创建其他小物件，也可以自由发挥，增加更多物体到场景中。背景墙体的正视图和透视视图效果如图8-44所示。

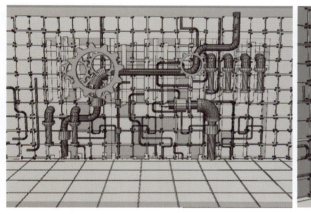
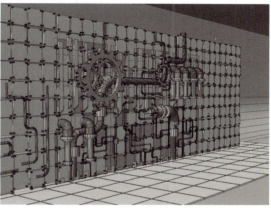

图8-44

8.2.4　模型的整合

（1）将蒸汽机车模型、飞行汽车模型、背景墙体与地面模型组合在一起，最终效果如图8-45所示。

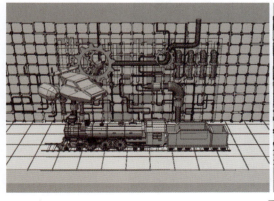
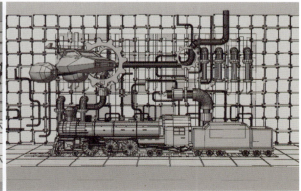

图8-45

（2）为场景添加"物理天空""全局光照""环境吸收"，无材质渲染的效果如图8-46所示。

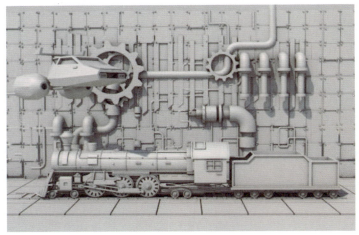

图8-46

8.3 设定场景材质

设定场景材质及
渲染

本节将完成蒸汽机车材质的设定、飞行汽车材质的设定、背景墙体材质的设定。

8.3.1 蒸汽机车材质设定

蒸汽机车主要包括车体、蒸汽管道、车轮、传动装置，其材质主要为黑色金属和黄色金属，下面分别进行创建。

（1）新建一个空白材质球，在"颜色"选项卡中，设置"颜色"为（R：66，G：66，B：66）、"亮度"为100%，如图8-47所示。

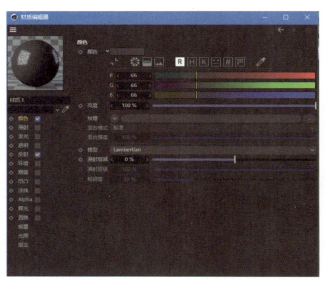

图8-47

（2）在"反射"选项卡中，设置反射"类型"为"GGX"、"粗糙度"为10%、"反射强度"为0%、"菲涅耳"为"导体"、"预置"为"钢"、"强度"为100%，如图8-48所示。

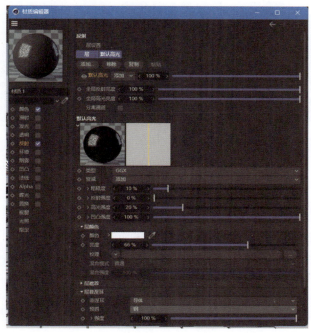

图8-48

（3）新建一个空白材质球，设置"颜色"为（R：254，G：201，B：133）、"亮度"为100%，如图8-49所示。

（4）在"反射"选项卡中，设置反射"类型"为"GGX"、"粗糙度"为4%、"反射强度"为30%、"菲涅耳"为"导体"、"预置"为"金"、"强度"为100%，如图8-50所示。

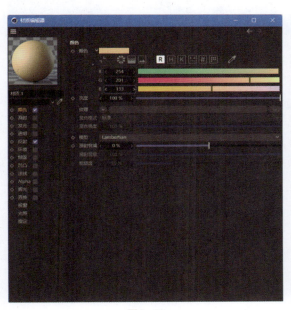

图8-49

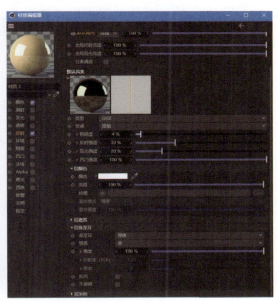

图8-50

（5）将黑色金属材质赋予蒸汽机车的车体，将金色金属材质赋予蒸汽机车的蒸汽管道、传动装置以及车轮，蒸汽机车的渲染效果如图8-51所示。

图8-51

8.3.2 飞行汽车材质设定

飞行汽车的材质主要包括车体材质、喷气引擎材质、车灯材质3部分。车体材质为红色金属材质、车灯和喷气引擎材质为黄色发光材质。下面分别对两种材质进行设定。

（1）新建一个空白材质球，在"颜色"选项卡中，设置"颜色"为（R：211，G：42，B：73）、"亮度"为100%，如图8-52所示。

（2）在"反射"选项卡中，设置反射"类型"为"GGX"、"粗糙度"为5%、"反射强度"为20%、"菲涅耳"为"导体"、"预置"为"铱"、"强度"为100%、"折射率（IOR）"为1.35，如图8-53所示。

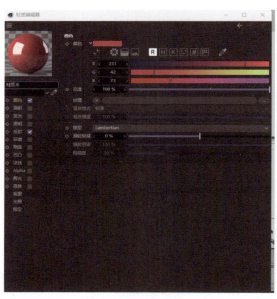

图8-52   图8-53

（3）新建一个空白材质球，取消勾选"颜色"和"反射"。

（4）勾选"发光"，设置"颜色"为（R：255，G：212，B：42）、"亮度"为150%，如图8-54所示。

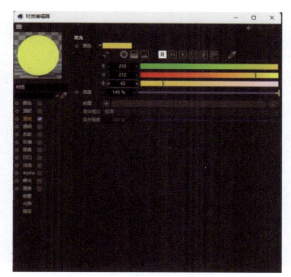

图8-54

（5）将红色金属材质赋予车体，将黄色发光材质赋予车灯，红色金属材质赋予车体，黄色金属材质赋予喷气引擎（黄色金属材质的制作方法参考8.3.3中的步骤），最后的渲染效果如图8-55所示。

图8-55

8.3.3　背景墙体材质设定

背景墙体材质包括管道材质、齿轮材质、背景网格材质、背景栅格材质。下面对这些材质进行创建。

（1）新建一个空白材质球，在"颜色"选项卡中，设置"颜色"为（R：92，G：158，B：226）、"亮度"为100%，如图8-56所示。

（2）在"反射"选项卡中，设置反射"类型"为"GGX"、"粗糙度"为3%、"反射强度"为43%、"菲涅耳"为"绝缘体"、"预置"为"钻石"、"强度"为100%、"折射率"为2.417，如图8-57所示。

（3）新建一个空白材质球，在"颜色"选项卡中，设置"颜色"为（R：254，G：230，B：109）、"亮度"为100%，如图8-58所示。

（4）在"反射"选项卡中，设置反射"类型"为"GGX"、"粗糙度"为4%、"反射强度"为35%、"菲涅耳"为"导体"、"预置"为"金"、"强度"为100%，如图8-59所示。

（5）新建一个空白材质球，在"颜色"选项卡中，设置"颜色"为（R：59，G：204，B：132）、"亮度"为100%，如图8-60所示；"反射"选项卡保持默认设置。

图8-56

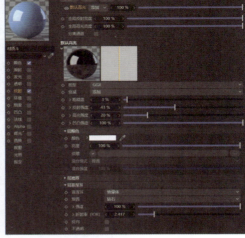

图8-57

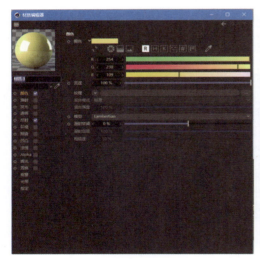

图8-58

图8-59

图8-60

（6）将蓝色材质赋予背景墙体的网格，将黄色金属材质赋予齿轮和管道，将绿色材质赋予背景栅格，将黄色金属材质赋予背景栅格靠后的部分，最后的渲染效果如图8-61所示。

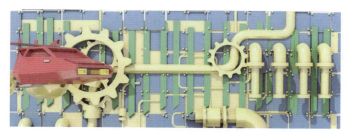

图8-61

8.4　设定场景HDRI环境并渲染场景

本节将完成场景中的环境设定，该场景采用了"物理天空"来进行照明，因此没有添加额外的灯光，场景设定较为简单。

（1）创建一个"物理天空"，调整"物理天空"的日期为2023年7月25日，时间为中午12点，如图8-62所示。

（2）单击"编辑渲染设置"按钮，添加"全局光照"和"环境吸收"效果，如图8-63所示，之后将"抗锯齿"设置为"最佳"。

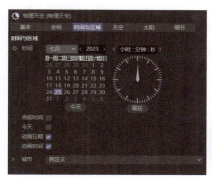

图8-62　　　　　　　　　　　　图8-63

（3）单击"渲染到图像查看器"按钮，渲染效果如图8-64所示。

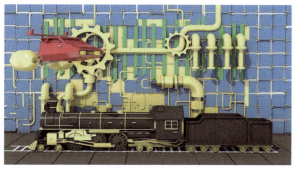

图8-64

8.5　Photoshop后期处理

　　将场景渲染输出为图片，格式为JPG。随后用Photoshop打开该图片，调整颜色曲线，增强亮度和对比度，最终效果如图8-65所示。

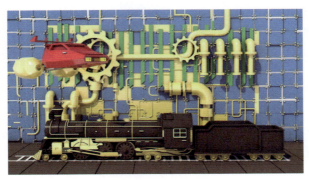

图8-65

8.6　本章小结

　　本章是一个关于电商静态海报设计的综合案例，讲解了模型的分解、分模块建模、材质与环境的设定、场景渲染、后期处理，读者可以进行自主学习，在学习完本章内容后，自己完成一个综合案例的制作。

第 9 章

科技流水线工厂
场景制作实战

本章将讲解科技流水线工厂场景的制作过程。

本章思维导图

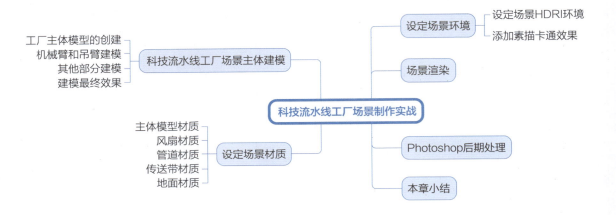

资源位置

素材文件	素材文件>CH09>科技流水线工厂场景制作实战
实例文件	实例文件>CH09>科技流水线工厂场景制作实战.c4d
视频文件	视频文件>CH09>科技流水线工厂场景制作实战.mp4
技术掌握	科技流水线工厂场景的制作

　　流水线工厂风格在Cinema 4D的设计风格中越来越具有代表性，这类风格可以很好地用科技动态表现场景效果，在动态海报设计、视频场景视觉传达中发挥着重要的作用。

　　本场景的设计围绕一个工厂的流水线进行，包括传送带、操作机、机械臂、吊臂、各类管道、风扇等元素，表现了工厂中产品加工车间的运转过程，案例最终效果如图9-1所示。

图9-1

9.1 科技流水线工厂场景主体建模

科技流水线工厂场景
主体建模（1）　科技流水线工厂场景
主体建模（2）　科技流水线工厂场景
主体建模（3）

首先对场景进行建模。在正式开始建模之前，要对案例中的模型进行分析和拆分，这样有利于建模过程的模块化和保持思路清晰。场景可以划分为主体加工区、传送带区、机械臂和吊臂区、散热风扇区、管道区等。这里用白色线框将模型进行拆分，如图9-2所示。

图9-2

拆分模型后，接下来进行建模。

9.1.1　工厂主体模型的创建

（1）创建操作机模型。在场景中创建一个立方体，设置尺寸为（120cm，90cm，50cm），如图9-3所示。

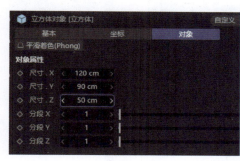
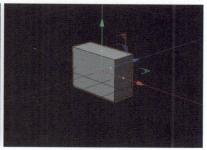

图9-3

（2）将步骤（1）创建的立方体转换为可编辑对象。切换到边模式，将立方体侧面顶部的一条边向下移动，形成操作机的坡度，如图9-4所示。

（3）切换到面模式，选择模型侧面和正面的所有面，执行"嵌入"，向内嵌入6cm，然后执行"挤压"，向内挤压4cm，如图9-5所示。

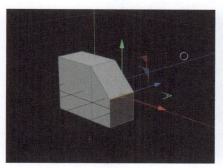
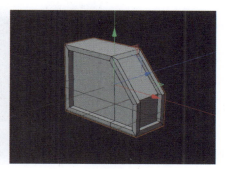

图9-4　　　　　　　　　　　　　　　图9-5

（4）创建一个立方体，调整尺寸为（30cm，30cm，5cm）。再创建一个尺寸为（11cm，30cm，8cm）的立方体，将其转换为可编辑对象；选中正面，执行"嵌入"，向内嵌入2cm，随后执行"挤压"，向内挤压3cm，形成操作机通风口的模型；复制一份，调整位置，放在操作机的侧面，如图9-6所示。

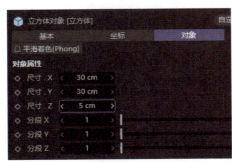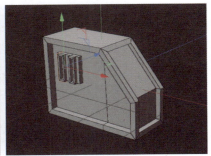

图9-6

（5）创建一个圆柱体，设置"半径"为2cm、"高度"为30cm；再创建一个球体，设置"半径"为3cm。将球体放在圆柱体的顶端，按Alt+G组合键将这两个模型合成一组，形成操作杆模型。复制一份，将它们旋转40°，放在上一步创建好的模型缝隙中，如图9-7所示。

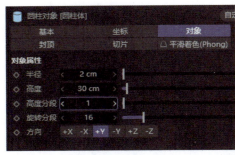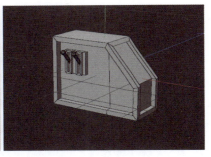

图9-7

（6）选中操作机模型侧面的坡面，执行"嵌入"，向内嵌入8cm，执行"挤压"，向上挤压3cm，再向内嵌入3cm，向内挤压3cm，形成操作杆内嵌部分。将上一步制作好的操作杆模型复制一份，旋转一定角度后，插入模型空隙中，如图9-8所示。

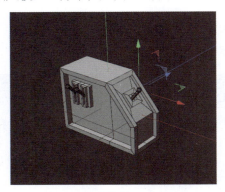

图9-8

（7）创建一个圆柱体，设置"半径"为18cm、"高度"为10cm、"高度分段"为1、"旋转分段"为12，如图9-9所示。

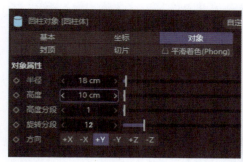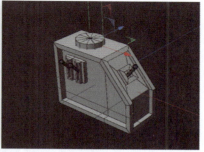

图9-9

（8）将上一步创建的圆柱体转换为可编辑对象，切换到面模式，对顶面执行"嵌入"，向内嵌入6cm，执行"挤压"，向上挤压1cm，再向外嵌入4cm，向上挤压6cm，如图9-10所示。读者可以采用适合自己的方式操作，例如在圆柱体中间执行"循环/路径切割"后，再向内挤压，也可以得到同样的效果。

（9）选中圆柱体顶部的面，执行"嵌入"，向内嵌入4cm，执行"挤压"，向上挤压3cm，再向内嵌入2cm，向下挤压4cm，形成操作机顶部的模型，如图9-11所示。

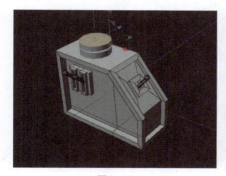

图9-10 图9-11

（10）创建一个"细分曲面"对象，将上一步创建的模型作为"细分曲面"对象的子对象，使模型变得光滑，并在转角处右击，在弹出的快捷菜单中选择"循环/路径切割"，在模型转角曲率过大的地方添加循环边，使其边界更柔和，更接近现实，如图9-12所示。

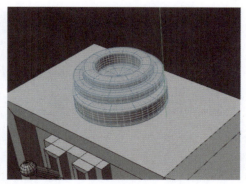

图9-12

（11）切换到正视图，绘制半个矩形样式的样条，执行"倒角"，设置倒角"半径"为30cm，如图9-13所示。

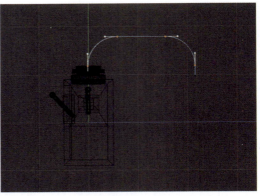

图9-13

（12）创建一个圆环样条，设置"半径"为3cm；创建一个"扫描"对象，将上一步创建的样条和这个样条同时作为"扫描"对象的子对象，扫描生成一个管道，就完成了排热管道部分模型的制作，如图9-14所示。

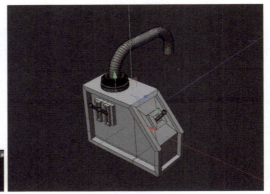

图9-14

（13）创建一个圆柱体，设置"半径"为18cm、"高度"为35cm、"高度分段"为1、"旋转分段"为14；将圆柱体转换为可编辑对象，切换到边模式，执行"循环/路径切割"，在靠近顶部和底部的位置添加两条循环边，如图9-15所示。

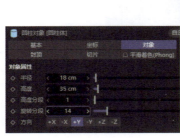
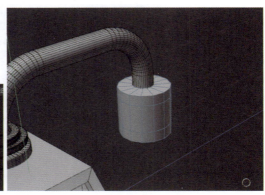

图9-15

（14）循环选择圆柱体中间部分的面，执行"挤压"，向内挤压8cm，如图9-16所示。

（15）选中圆柱体顶部的边和底部的循环边，执行"倒角"，设置倒角的"偏移"为1.2cm、"分段"为1。选中圆柱体的顶部的面，向内嵌入6cm，并向内挤压2cm，形成管道结合器模型，如图9-17所示。

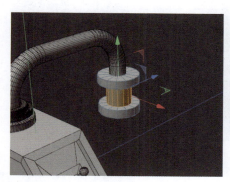

图9-16　　　　　　　　　　　　　　　　　图9-17

（16）创建一个圆柱体，设置"半径"为10cm、"高度"为30cm；将其转换为可编辑对象，将顶部的面向内嵌入3cm，并向内挤压5cm。读者可以自己把握尺寸。将其复制3个，放置在操作机侧面和前面，如图9-18所示。

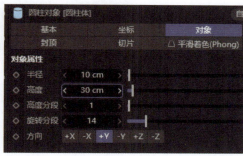

图9-18

（17）切换到顶视图，创建3个L形样条，错落放置，对每个样条执行"倒角"，设置倒角"半径"为10cm；创建一个圆环样条，设置"半径"为3cm；再创建一个"扫描"对象，将L形样条和圆环样条同时作为"扫描"对象的子对象，扫描出3个管道，作为操作机底部的散热管模型。管道的制作方法在第3章有详细介绍，这里不再赘述，如图9-19所示。

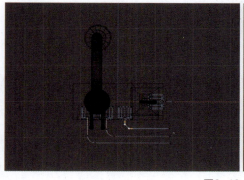
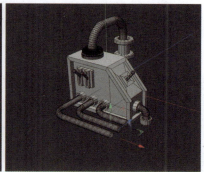

图9-19

（18）创建一个立方体，设置尺寸为（60cm，6cm，60cm）；将其转换为可编辑对象，切换到边模式，对4条侧边执行"倒角"，设置倒角"偏移"为9cm，如图9-20所示。

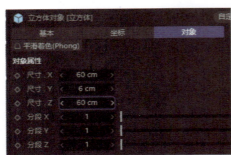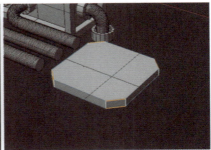

图9-20

（19）选中上一步制作的模型的顶面，先将其向内嵌入9cm，随后向上挤压，之后选中顶面，向外嵌入6cm，向上挤压20cm，如图9-21所示。

（20）创建一个圆柱体，设置"半径"为20cm、"高度"为20cm、"高度分段"为1、"旋转分段"为16；创建一个"布尔"对象，设置"布尔类型"为"A减B"。将上一步制作的模型和圆柱体作为"布尔"对象的子对象，进行布尔运算，留出风扇的位置，如图9-22所示。

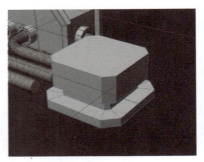

图9-21

（21）创建一个圆柱体，设置"半径"为5cm、"高度"为30cm，将其作为风扇的转动轴。创建一个立方体，设置尺寸为（5cm，1cm，20cm），将其作为风扇的扇叶。创建一个"克隆"对象，设置"模式"为"放射"、"数量"为12、"半径"为15cm；在"变换"选项卡中设置"旋转.B"为30°，将克隆的扇叶放置在刚才挖的洞中，形成风扇模型，如图9-23所示。

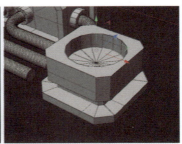

图9-22

图9-23

（22）创建一个圆柱体，设置"半径"为60cm、"高度"为15cm、"高度分段"为1、"旋转分段"为16。将该圆柱体转换为可编辑对象，切换到面模式，将顶面向内嵌入8cm，向上挤压4cm，再向外嵌入2cm，向上挤压6cm，最后将顶面放大，如图9-24所示。

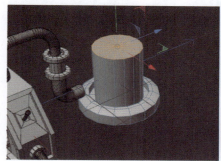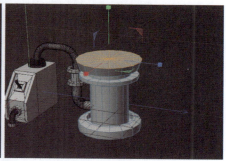

图9-24

（23）创建一个矩形样条，再创建一个"半径"为3cm的圆环样条，对它们执行"扫描"，形成上一步圆柱体上的把手。创建一个"克隆"对象，设置"模式"为"放射"，调整其半径和圆柱体半径一致，放置在圆柱体的周围，形成圆柱体的装饰，如图9-25所示。

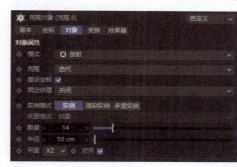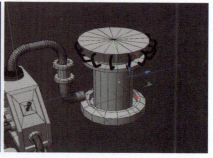

图9-25

（24）创建一个立方体，设置尺寸为（80cm，60cm，40cm），执行"布尔"，对步骤（22）创建的模型和这个立方体进行"A减B"计算，在圆柱体内掏出一个立方体的空间，作为出货口，如图9-26所示。

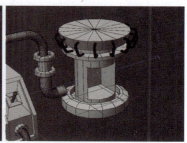

图9-26

（25）创建一个立方体，设置尺寸为（130cm，10cm，40cm），将其转换为可编辑对象后，对其4条边执行"倒角"，设置倒角"偏移"为3cm、"细分"为5，如图9-27所示。

（26）沿着上一步创建的立方体的侧面绘制一个矩形样条。创建一个立方体，设置尺寸为（7cm，2cm，40cm）。执行"克隆"，设置克隆"模式"为"对象"，以矩形样条为对象对立方体进行克隆，设置克隆"数量"为40、"分布"为"平均"，形成传送带模型，如图9-28所示。

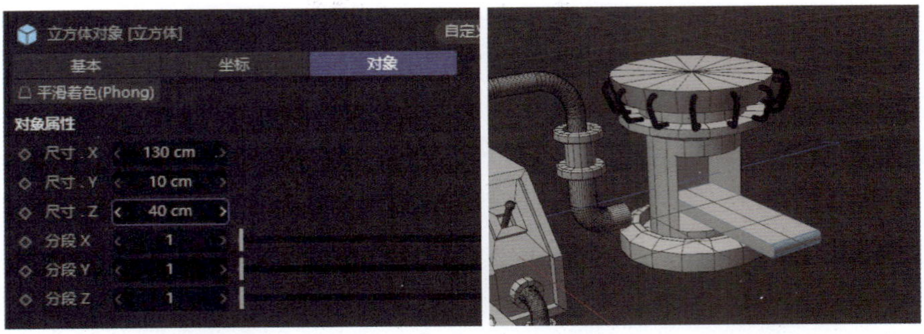

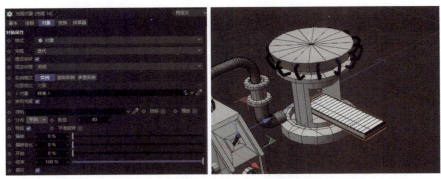

图9-27

图9-28

（27）创建一个立方体，设置尺寸为（170cm，10cm，160cm）；将其转换为可编辑对象，切换到边模式，选中侧面4条边，执行"倒角"，设置倒角"偏移"为10cm、"细分"为5，如图9-29所示。

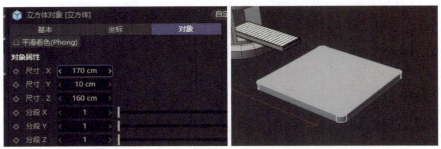

图9-29

（28）创建一个立方体，设置尺寸为（120cm，15cm，120cm）；将其转换为可编辑对象，切换到边模式，选中侧面4条边，执行"倒角"，设置倒角"偏移"为10cm。将上一步创建的立方体和该立方体复制并调整，如图9-30所示，形成控制中心的底座。

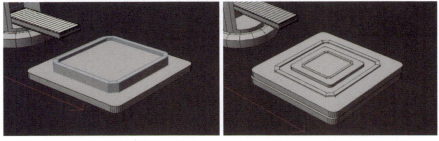

图9-30

（29）创建一个圆柱体，设置"半径"为22cm、"高度"为15cm、"高度分段"为1、"旋转分段"为16，将其放在控制中心的底座上。创建一个L形样条，对其拐点执行"倒角"；再创建一个"半径"为2cm的圆环样条，执行"扫描"。由于科技流水线工厂的每个独立的生产部件之间需要货物运输，因此在独立的生产部件之间会有斗槽的模型，具体的制作方法可以参考9.1.3小节中的步骤2创建一个"克隆"对象，把"扫描"对象作为"克隆"对象的子对象，设置克隆"模式"为"放射"，半径比圆柱体半径稍小，形成围绕圆柱体的效果，如图9-31所示。

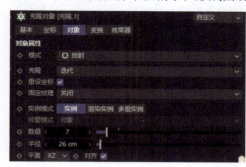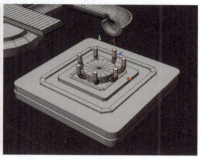

图9-31

（30）创建一个立方体，设置尺寸为（100cm，100cm，100cm）；将其转换为可编辑对象，切换到边模式，选中立方体的4条侧边，执行"倒角"，设置倒角"偏移"为8cm、"细分"为4，为立方体增加圆滑效果。在立方体顶部、底部各添加两条循环边，将切割出的循环面向内挤压，形成控制中心模型，如图9-32所示。

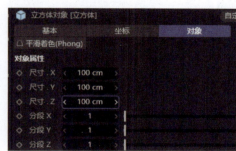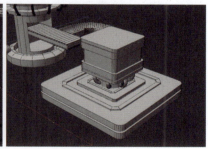

图9-32

（31）创建一个立方体，调整其尺寸为（35cm，30cm，50cm），调整位置，让其穿过控制中心中部。创建一个"布尔"对象，设置"布尔类型"为"A减B"，在控制中心中部挖个洞，穿过这个洞放入传送带。新建一个立方体，设置其尺寸为（40cm，10cm，40cm），将其转换为可编辑对象，切换到边模型，选中其周围的四个边，执行"倒角"，设置倒角"偏移"为5cm、"细分"为4；将这个立方体放在控制中心顶部，并对齐。最后新建一个"半径"为5cm、"高度"为8cm、"方向"为"+Z"的圆柱体，将其横放在大立方体的侧面中心位置，如图9-33所示。

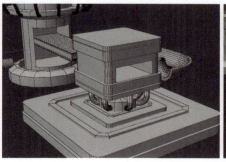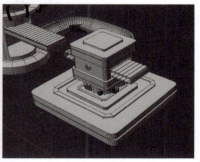

图9-33

（32）创建一个立方体，设置尺寸为（30cm，40cm，100cm）；将其转换为可编辑对象，选中右侧的面，将其向内嵌入2cm，并向内挤压20cm，完成灯箱的制作，如图9-34所示。

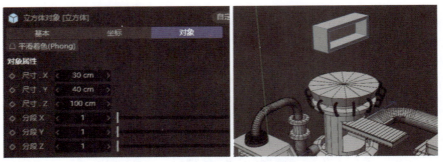

图9-34

（33）创建一个螺旋线样条，设置"起始半径"为25cm、"开始角度"为0°、"终点半径"为25cm、"结束角度"为1200°、"高度"为70cm、"平面"为"XZ"、"细分数"为19。创建一个圆环样条，设置"半径"为4cm。创建一个"扫描"对象，将螺旋线样条和圆环样条同时作为"扫描"对象的子对象，扫描出螺旋体，如图9-35所示。

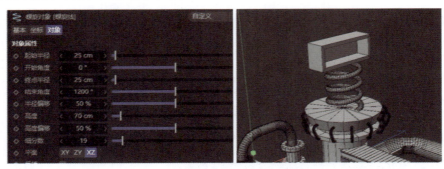

图9-35

（34）对部分模型进行复制并摆放，摆放位置如图9-36所示。摆放模型时仅需要调整坐标。

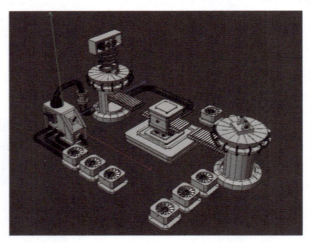

图9-36

9.1.2 机械臂和吊臂建模

（1）创建一个圆柱体，设置"半径"为18cm、"高度"为20cm、"高度分段"为1、"旋转分段"为10，将其转换为可编辑多边形，对其顶部进行向内嵌入和向下挤压操作，形成中间的坑洞。随后创建一个"半径"为12cm、"高度"为200cm、"高度分段"为1、"旋转分段"为10的圆柱体，在可编辑多边形模式下，将其顶部向上挤压并缩小，形成锥形的形体，再将其侧边的每个面向内嵌入并向内挤压，形成凹陷的形体。接着创建两个添加了倒角的立方体座位支撑轴。最后创建一个圆柱体，设置"半径"为6cm、"高度"为6cm、"旋转分段"为16、"方向"为-X，复制一份，将其放在底座中间，放大一些，作为机械臂的旋转轴，如图9-37所示。

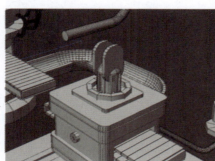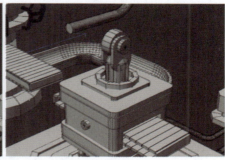

图9-37

（2）切换到右视图，创建一个图9-38（左）所示的样条；创建一个"挤压"对象，设置"偏移"为10cm，执行"倒角"，设置倒角"偏移"为1cm，形成机械臂模型，如图9-38（右）所示。

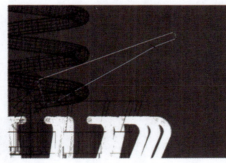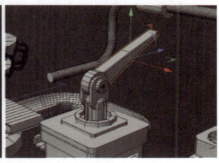

图9-38

（3）创建一个"晶格"对象，设置"球体半径"为1cm、"圆柱半径"为1cm、"细分数"为3，将上一步制作好的机械臂作为"晶格"对象的子对象。将机械臂复制一份，旋转180°，放在对称的位置，如图9-39所示。

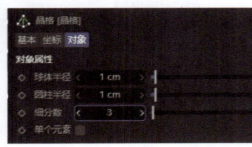

图9-39

（4）创建一个管道，设置"外部半径"为7cm、"内部半径"为4cm、"旋转分段"为16，放在机械臂的顶端；复制一份，放在另一个机械臂的顶端，如图9-40所示。

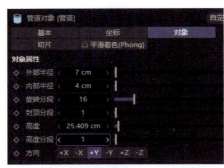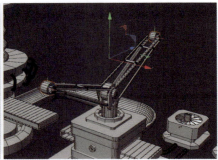

图9-40

（5）切换到右视图，创建一个图9-41（左）所示的样条，对其进行挤压，设置"偏移"为9cm。创建一个"克隆"对象，设置克隆"模式"为"放射"、"数量"为3，形成抓手模型。将其复制一份，将两个抓手模型分别放在机械臂的末端，如图9-41（右）所示。

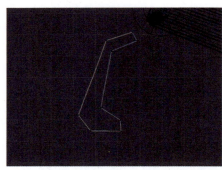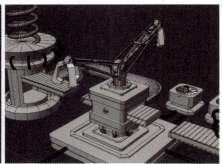

图9-41

（6）创建一个立方体，设置尺寸为（40cm，15cm，40cm），将其作为吊臂的基座。再创建一个立方体，设置尺寸为（20cm，30cm，5cm），将其转换为可编辑对象，调整顶部的点，减小顶面的宽度，并对顶面执行"倒角"；复制一份，形成转动轴基座模型。创建一个圆柱体，设置"半径"为10cm，将其作为旋转轴，如图9-42所示。

（7）创建一个立方体，设置尺寸为（120cm，20cm，20cm），将其作为吊臂。将其转换为可编辑对象，切换到点模式，缩小顶端的点之间的距离，让上部变窄。随后按照吊臂的形状添加循

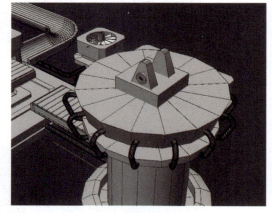

图9-42

环边，最后为吊臂添加"晶格"生成器，设置晶格"球体半径"为1cm、"圆柱半径"为1cm、"细分数"为3，如图9-43所示。

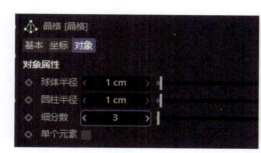

图9-43

至此，场景中的主要模型已经制作完成，接下来制作细节模型。

9.1.3 其他部分建模

（1）创建一个文本样条，设置"高度"为25cm、"字体"为"黑体"、"平面"为"ZY"，对其执行"挤压"，设置挤压"偏移"为11cm、封盖"尺寸"为3cm、"分段"为3、文本内容为"C4D"，读者也可以自己设置文本内容和字体。将文本放置在灯箱里，如图9-44所示。

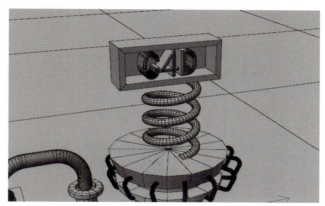

图9-44

（2）货物斗槽建模采用的是一个下半圆环样条，在Cinema 4D中，直接删除圆环样条的点是无法得到下半圆环样条的，需要重新设定点的顺序才能得到下半圆环样条。首先创建一个"半径"为10cm的圆环样条，在"对象"选项卡中取消勾选"闭合样条"，之后设置第一个点为起始点，删除一个点，形成下半圆环样条。创建一个圆环样条，再创建一个"扫描"对象，扫描出货物斗槽，最后使用"布料曲面"生成器为其增加厚度，如图9-45所示。

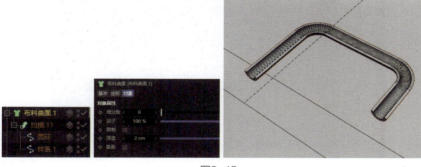

图9-45

9.1.4　建模最终效果

　　新建一个摄像机，调整摄像机的"焦距"为49、"传感器尺寸（胶片规格）"为23.2，增加一个"物理天空"，在"渲染设置"窗口中勾选"全局光照"和"环境吸收"，单击"渲染到图像查看器"按钮，建模最终效果如图9-46所示。

图9-46

9.2　设定场景材质

场景材质设定与渲染

　　材质在三维作品中有决定性作用，本节将对场景中的每个模型的材质进行设定，通过材质的颜色、反射、发光、透明等属性表现模型。

　　本节将创建的材质有主体模型材质、风扇材质、管道材质、传送带材质、地面材质。

9.2.1　主体模型材质

　　（1）新建一个空白材质球，在"颜色"选项卡中，设置"颜色"为（R：237，G：190，B：16）、"亮度"为100%，如图9-47所示。

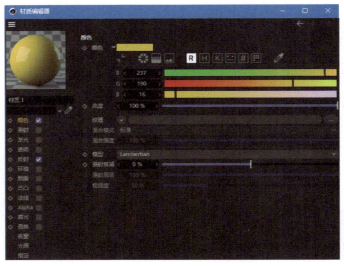

图9-47

（2）在"反射"选项卡中，设置反射"类型"为"GGX"、"粗糙度"为6%、"反射强度"为19%、"菲涅耳"为"绝缘体"、"预置"为"自定义"、"强度"为100%、"折射率（IOR）"为3.25，如图9-48所示。

（3）将这个材质作为主体模型材质，赋予对应模型，渲染效果如图9-49所示。

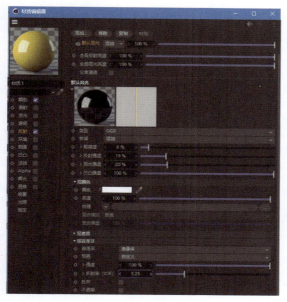

图9-48

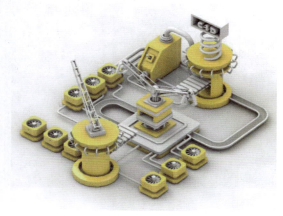

图9-49

9.2.2 风扇材质

（1）新建一个空白材质球，在"颜色"选项卡中，设置"颜色"为（R：203，G：199，B：188）、"亮度"为100%，如图9-50所示。

图9-50

（2）在"反射"选项卡中，设置反射"类型"为"GGX"、"粗糙度"为5%、"反射强度"为68%、"菲涅耳"为"导体"、"预置"为"钢"、"强度"为100%，如图9-51所示。

（3）将这个材质赋予风扇模型及螺旋体，渲染效果如图9-52所示。

图9-51

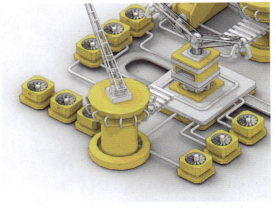

图9-52

9.2.3 管道材质

（1）新建一个空白材质球，在"颜色"选项卡中，设置"颜色"为（R：241，G：144，B：53）、"亮度"为100%，如图9-53所示。

（2）在"反射"选项卡中，设置反射"类型"为"GGX"、"粗糙度"为8%、"反射强度"为58%、"菲涅耳"为"导体"、"预置"为"金"、"强度"为100%，如图9-54所示。

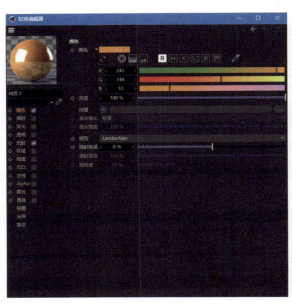

图9-53

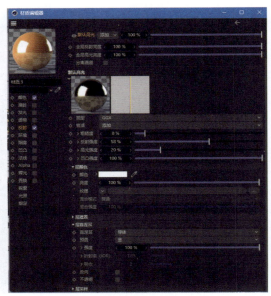

图9-54

（3）将这个材质赋予管道模型、灯箱模型、机械臂和吊臂模型的一部分以及控制中心底座模型等，渲染效果如图9-55所示。

图9-55

9.2.4　传送带材质

（1）新建一个空白材质球，在"颜色"选项卡中，设置"颜色"为（R：47，G：102，B：204）、"亮度"为100%，如图9-56所示。

（2）在"反射"选项卡中，设置反射"类型"为"GGX"、"粗糙度"为5%、"反射强度"为16%、"菲涅耳"为"导体"、"预置"为"钢"、"强度"为100%，如图9-57所示。

（3）将这个材质赋予机械臂和吊臂的基座模型、传送带模型等，渲染效果如图9-58所示。

图9-56

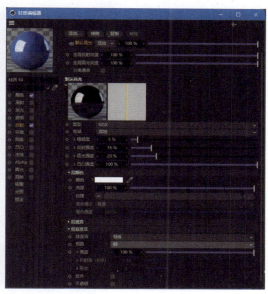

图9-57

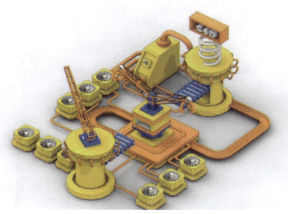

图9-58

9.2.5 地面材质

（1）新建一个空白材质球，在"颜色"选项卡中，设置"颜色"为（R：66，G：66，B：66）、"亮度"为100%，如图9-59所示。

（2）在"反射"选项卡中，设置反射"类型"为"GGX"、"粗糙度"为40%、"反射强度"为5%、"高光强度"为20%、"菲涅耳"为"绝缘体"、"预置"为"沥青"、"强度"为100%，如图9-60所示。

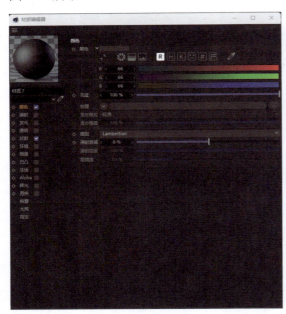
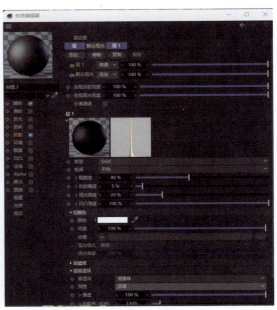

图9-59　　　　　　　　　　　　　　　　图9-60

（3）将该材质赋予地面，渲染效果如图9-61所示。

图9-61

9.3　设定场景环境

建模和材质设定完成后，接下来对环境进行设置。本案例采用了较多扁平化设计，对灯光强度的要求不高，因此采用HDR格式的贴图作为光源，进行全局照明。

9.3.1 设定场景HDRI环境

（1）创建一个"天空"，之后新建一个材质，取消勾选"颜色"和"反射"，只勾选"发光"。选中一个室内的HDR 格式的贴图，将HDR格式的贴图拖曳到这个材质的"发光"选项卡中的纹理通道中，如图9-62所示。

（2）将上一步创建的材质赋予"天空"对象，单击"渲染到图像查看器"按钮，查看是否有淡淡的光照效果，然后单击"编辑渲染设置"按钮，为场景添加"全局光照"和"环境吸收"效果，如图9-63所示。

图9-62　　　　　　　　　　　　　　　　图9-63

9.3.2 添加素描卡通效果

（1）单击"编辑渲染设置"按钮，在"渲染设置"窗口中单击"效果"按钮，在弹出的菜单中选择"素描卡通"，为场景添加素描卡通的渲染效果，将"粗细缩放"调整为47%，如图9-64所示。

（2）添加素描卡通效果后，材质面板中会出现"素描材质"材质球，双击这个材质球，打开"材质编辑器"窗口，在"粗细"选项卡中调整"粗细"为1，如图9-65所示。

图9-64　　　　　　　　　　　　　　　　图9-65

9.4 场景渲染

完成材质和环境设定后，单击"渲染到图像查看器"按钮，最终渲染效果如图9-66所示。

图9-66

9.5 Photoshop后期处理

将场景渲染为图片，格式为JPG。在Photoshop中对渲染生成的图片的颜色、亮度、对比度、明暗效果、颜色曲线等进行调整，最终效果如图9-67所示。

图9-67

9.6 本章小结

本章完整地讲解了一个科技流水线工厂场景的制作过程，包括建模、材质的设定、场景环境的设定、场景渲染、后期处理等。通过本章的学习，读者可以掌握多边形建模工具的使用方法、材质的设定方法、环境的设置方法等，为今后制作类似的案例奠定基础。

第 10 章

10

网站B端登录界面视觉设计实战

本章将讲解网站B端登录界面视觉设计的过程。

本章思维导图

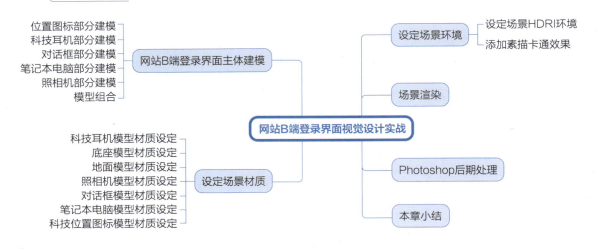

位置图标部分建模
科技耳机部分建模
对话框部分建模
笔记本电脑部分建模
照相机部分建模
模型组合
　　→ 网站B端登录界面主体建模

设定场景环境 → 设定场景HDRI环境 / 添加素描卡通效果

网站B端登录界面视觉设计实战

科技耳机模型材质设定
底座模型材质设定
地面模型材质设定
照相机模型材质设定
对话框模型材质设定
笔记本电脑模型材质设定
科技位置图标模型材质设定
　　→ 设定场景材质

场景渲染

Photoshop后期处理

本章小结

资源位置

素材文件　素材文件>CH10>网站B端登录界面视觉设计实战

实例文件　实例文件>CH10>网站B端登录界面视觉设计实战.c4d

视频文件　视频文件>CH10>网站B端登录界面视觉设计实战.mp4

技术掌握　网站B端登录界面的制作

　　网站B端是面向企业用户的设计类产品，用来解决企业的日常需求，例如数据库管理、考勤管理、销售统计等。其主要使用的设计元素有笔记本计算机、平板计算机、科技化大屏、各种数字仪表等，所以科技感比较突出。在设计网站B端的界面时，以界面简洁、配色简单、功能模块划分明确、标识清晰、图标拟物化为主要设计思路。

　　本案例是对一个科技类产品的网站B端登录界面进行设计，采用拟物化设计思路，用Cinema 4D对界面元素进行建模，材质采用科技风格配色，使用素描卡通风格进行渲染，达到表现科技类产品风格的目的，使用 Photoshop进行UI整合。

　　本案例的界面元素包括科技耳机图标元素、位置图标元素、对话框图标元素、照相机图标元素、笔记本电脑图标元素、底座图标元素等，用一些管道将这些元素连接在一起，案例的最终效果如图10-1所示。

图10-1

10.1　网站B端登录界面主体建模

在正式制作之前，需要进行需求分析。由于是科技风格的网站，并且是网站后台，因此考虑将科技类产品的三维图标组合在一起作为网站B端登录界面的图形主体。对案例中的模型进行分析和拆分，以便在制作过程中有明确的思路。本案例的模型分为5个部分，分别是位置图标部分、科技耳机部分、对话框部分、笔记本电脑部分、照相机部分。模块划分如图10-2所示。拆解模型后，就可以分模块进行建模。

网站B端登录界面主体建模（1）　网站B端登录界面主体建模（2）　网站B端登录界面主体建模（3）　网站B端登录界面主体建模（4）　网站B端登录界面主体建模（5）

图10-2

10.1.1　位置图标部分建模

（1）创建一个立方体，设置尺寸为（300 cm，25cm，300cm）。将其转换为可编辑对象，选中其侧面4条竖直的边，执行"倒角"，设置倒角的"偏移"为10cm、"细分"为4，如图10-3所示。

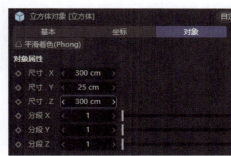 

图10-3

（2）创建一个立方体，设置尺寸为（120cm，20cm，25cm）。在靠近其边界的位置切割出一圈循环边，并进行挤压，形成L形。为其所有的边添加一个"偏移"为3cm、"细分"为3的倒角，如图10-4所示。

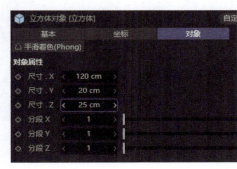 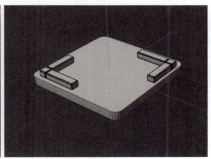

图10-4

（3）创建一个圆柱体，设置"半径"为100cm、"高度"为22cm，将其转换为可编辑对象。切换到面模式，将其顶面向内嵌入2cm，向上挤压2cm，再向外嵌入2cm，向上挤压5cm，随后重复此步骤，如图10-5所示。

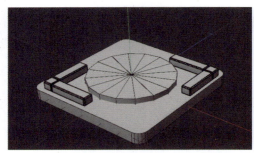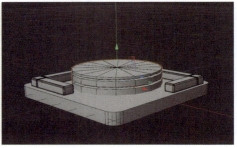

图10-5

（4）创建一个圆环面，设置"圆环半径"为65cm、"圆环分段"为20、"导管半径"为10cm、"导管分段"为10。将其转换为可编辑对象，并每隔一个导管分段将面向内嵌入2cm，向内挤压3cm，形成凹陷的灯管，如图10-6所示。

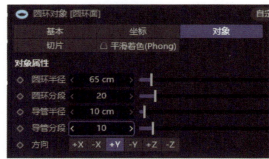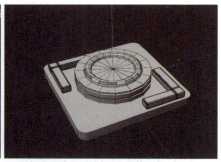

图10-6

（5）创建一个圆柱体，设置"半径"为85cm、"高度"为40cm、"高度分段"为1、"旋转分段"为18，"方向"为"+Y"。将其转换为可编辑多边形，切换到面模式，选中顶部的所有面，单击缩放工具将其缩小一定的距离，随后使用嵌入工具将其向内嵌入一定距离，再向下挤压一定距离，最后将底部的面缩小。最后创建一个"半径"为3cm、"高度"为280cm的圆柱体，将其放置在底座的四周，并创建一个小立方体，形成底座的围栏模型。创建一个管道，设置"外部半径"为60cm、"内部半径"为50cm、"高度分段"为1、"旋转分段"为10、"高度"为28cm，然后打开"切片"选项卡，设置"起点"为32°、"终点"为107°，如图10-7所示。

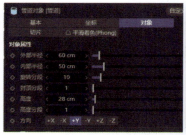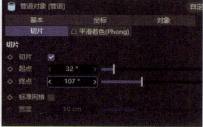

图10-7

（6）采用同样的方法创建若干管道，设置不同的切片角度、半径，并将它们放置在高度不同的位置，读者可以根据设计要求设置参数，如图10-8所示。

（7）创建一个圆环面，设置"圆环半径"为120cm、"导管半径"为1.5cm、"圆环分段"为32、"导管分段"为16，将其复制一份。接着创建一些尺寸较小的立方体，调整圆环面和立方体的位置，放在底座上方作为装饰，如图10-9所示。

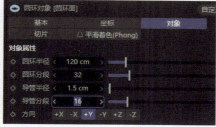

图10-8　　　　　　　　　　　　　　　　　　　　　　　图10-9

（8）创建一个圆柱体，设置"半径"为55cm、"高度"为15cm、"高度分段"为1、"旋转分段"为12、"方向"为"+Z"。将其转换为可编辑对象，切换到面模式，选中底部的4个面，向下挤压大约20cm。随后切换到点模式，选中底面的所有点，使用"缩放"工具缩小点之间的距离，如图10-10所示。

（9）创建一个"细分曲面"对象，将位置图标模型作为"细分曲面"对象的子对象，"细分曲面"对象的参数保持默认设置，效果如图10-11所示。

（10）微调位置图标模型的位置，最终形成的模型如图10-12所示。

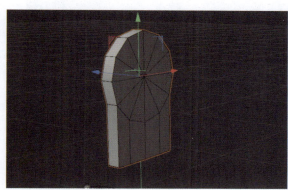
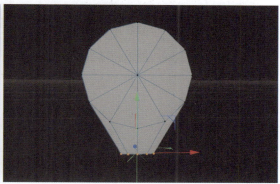

图10-10

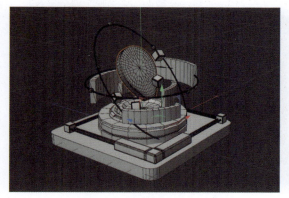
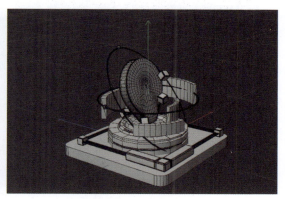

图10-11　　　　　　　　　　　　　　　　　　　　　图10-12

10.1.2 科技耳机部分建模

（1）保留上一小节制作的模型中的底座和装饰圆环，如图10-13所示，可以在这个底座和装饰圆环的基础上制作耳机模型。

（2）创建一个圆柱体，设置"半径"为40cm、"高度"为15cm、"高度分段"为1、"旋转分段"为12。将圆柱体转换为可编辑对象，选中圆柱体的顶面和底面，先缩小，之后向内嵌入5cm，向内挤压10cm，将挤压后的面继续缩小，形成图10-14所示的耳罩初步模型。

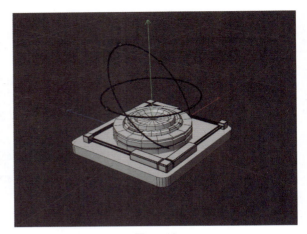

图10-13

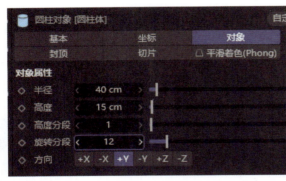

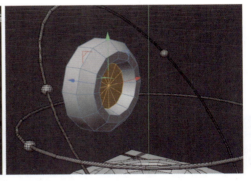

图10-14

（3）选择上一步制作的模型右侧中心的面，先向内嵌入5cm，向外挤压8cm，再向内嵌入3cm，向内挤压5cm，之后向内嵌入3cm，向外挤压5cm，得到图10-15所示的耳罩轮廓。

（4）转向耳罩的背面，选中背面，向外挤压一定的距离，缩小这个面；随后在中间添加两条循环边，选中循环边形成的面，向内挤压3cm，如图10-16所示。

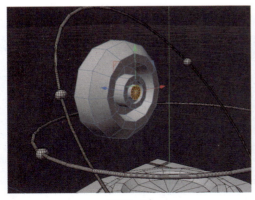

图10-15

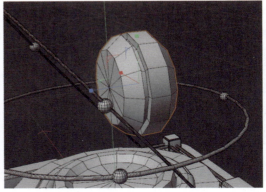

图10-16

（5）在透视视图中对模型进行修改，以不同的方向查看模型，效果如图10-17所示。

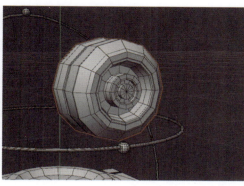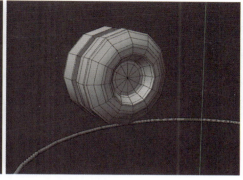

图10-17

（6）切换到面模式，选中模型顶部的两个相邻的面，执行"挤压"，向上挤压大约4cm；第一次挤压完成后，缩小顶部的面的宽度，再次向上挤压大约4cm。切换到点模式，选中顶部的面的所有点，在竖直方向上进行缩放，直至顶部的面的所有的点都在一个平面上，如图10-18所示。

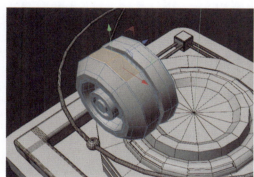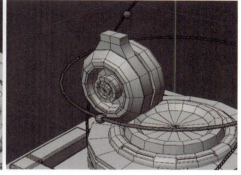

图10-18

（7）创建一个"对称"对象，将耳罩模型作为"对称"对象的子对象，设置对称的"镜像平面"为"XY"，可以看到耳罩模型被复制了一份，这时就出现了对称的两个耳罩，如图10-19所示。

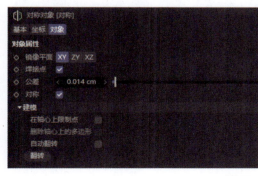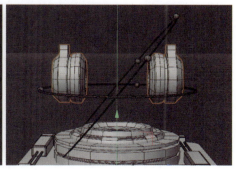

图10-19

（8）创建一个管道，设置"外部半径"为90cm、"内部半径"为80cm、"旋转分段"为16、"高度"为30cm、"封顶分段"为1、"方向"为"-X"，然后在"切片"选项卡中，设置切片的"起点"为360°、"终点"为180°，形成耳机连接部分模型，如图10-20所示。

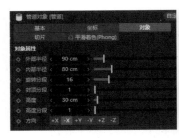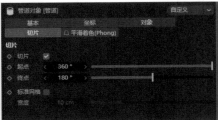

图10-20

（9）将上一步制作的耳机连接部分模式复制并旋转90°，与耳罩对齐，透视视图和顶视图效果如图10-21所示。

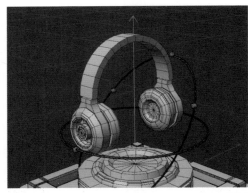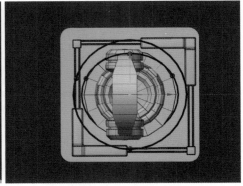

图10-21

（10）创建一个"细分曲面"对象，将耳机连接部分模型作为"细分曲面"对象的子对象，"细分曲面"对象的参数保持默认设置，效果如图10-22所示。

（11）将耳机连接部分模型转换为可编辑对象，切换到点模式，调整点的位置，将其与耳罩连接的部位变细，顶部变粗，如图10-23所示。

图10-22　　　　　　　　　　　　　　　　图10-23

（12）按Alt+G组合键将耳机连接部分和两个耳罩组合在一起，命名为"耳机"，并将其旋转一定的角度，如图10-24所示。

（13）由于现实世界中的耳罩和耳机连接部分并不是垂直的，因此回到"对称"对象下，将其中一个耳罩旋转一定的角度，另一个耳罩会随之旋转，最终耳机部分的模型如图10-25所示。

图10-24

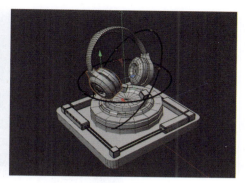
图10-25

10.1.3　对话框部分建模

（1）导入10.1.1小节制作的底座模型和装饰圆环。创建一个矩形样条，将其转换为可编辑对象，之后对其4个顶点执行"倒角"，设置倒角"半径"为35cm。创建一个多边形样条，设置"半径"为40cm、"侧边"为3，将其顺时针旋转90°。执行"样条布尔"，将"模式"设置为"合集"，将两个样条结合，形成一个对话框形状的样条，如图10-26所示。

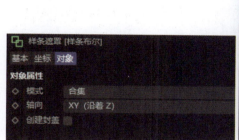
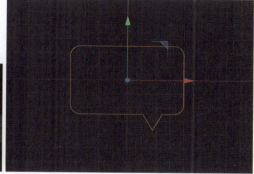
图10-26

（2）创建一个"挤压"对象，将上一步创建好的样条作为"挤压"对象的子对象，设置挤压"偏移"为25cm，将挤压得到的模型复制3份，调整它们的大小，错落放置，相互叠加，如图10-27所示。

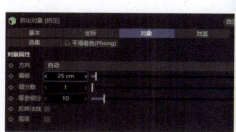
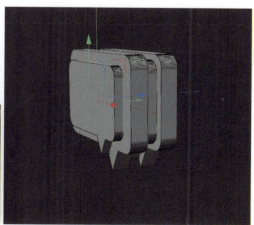
图10-27

（3）将对话框放在底座模型上，如图10-28所示。

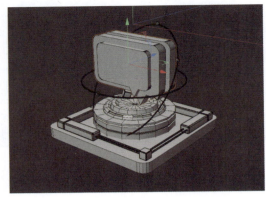

图10-28

（4）创建一个立方体，设置尺寸为（80cm，10cm，20cm），分段数默认，将其放在对话框中间偏上的位置。再创建一个立方体放在对话框中间偏下的位置，设置尺寸为（120cm，10cm，20cm），分段数默认。将这两个立方体都转换为可编辑对象，对顶面和底面的短边执行"倒角"，设置倒角"偏移"为5cm、"细分"为4。随后创建一个金字塔模型，设置尺寸为（30cm，30cm，30cm），将其旋转90°，作为箭头。最终的对话框部分模型如图10-29所示。

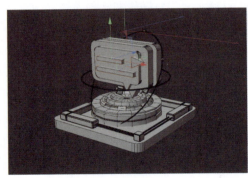

图10-29

10.1.4 笔记本电脑部分建模

（1）导入10.1.1小节制作的底座模型和装饰圆环。创建一个立方体，设置尺寸为（200cm，7cm，150cm），分段数为默认；复制一个，旋转一定角度，与另一个立方体相接。之后对每个立方体的4条短边执行"倒角"，设置倒角"偏移"为8cm、"细分"为4，如图10-30所示。

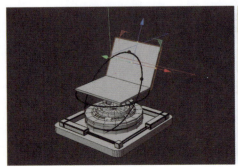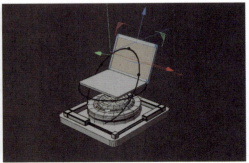

图10-30

（2）创建一个立方体，设置尺寸为（5cm，5cm，5cm），读者可以自己设定大小，将其作为键盘上的按键。随后不断复制这个立方体，摆放在笔记本电脑键盘上按键的位置，如图10-31所示。至此，笔记本电脑部分模型就制作完成了。

图10-31

10.1.5　照相机部分建模

（1）导入10.1.1小节制作的底座模型和装饰圆环。在底座模型的上方创建一个立方体，设置尺寸为（180cm，110cm，70cm）。将立方体转换为可编辑对象，切换到边模式，执行"循环/路径切割"，在立方体纵向上添加3条循环边，横向上添加两条循环边，如图10-32所示。

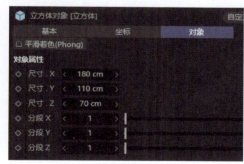
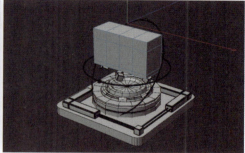

图10-32

（2）切换到面模式，将立方体顶端的一个面向上挤压并缩小。将侧面上部的一个面向外挤压，同时调整点的位置，形成坡度，如图10-33所示。

（3）选择立方体侧面的最右边的面，执行"挤压"，向外挤压5cm；随后选中挤压出的面的两条侧边，执行"倒角"，设置倒角"偏移"为3cm，如图10-34所示。

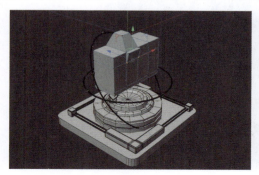
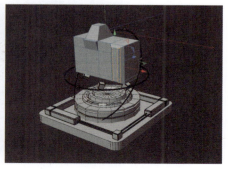

图10-33　　　　　　　　　　　　　　　　图10-34

（4）创建一个"半径"为40cm、"高度"为35cm的圆柱体，将其放在立方体的侧面作为镜头，如图10-35所示。

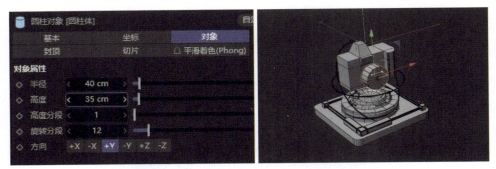

图10-35

（5）将上一步创建的圆柱体转换为可编辑对象，切换到面模式，选中圆柱体顶面和底面，执行"嵌入"，向外嵌入一定的距离；之后执行"挤压"，向外挤压3cm，形成镜头的前后镜头盖，如图10-36所示。

（6）选中圆柱体侧面，执行"嵌入"，取消勾选"保持群组"，然后向外挤压大约2cm，如图10-37所示。

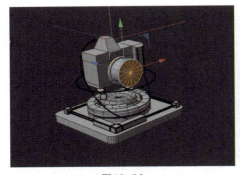

图10-36

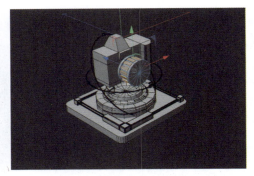

图10-37

（7）创建4个小圆柱体，尺寸可以自定义，将其作为照相机的旋钮。最终照相机部分模型的效果如图10-38所示。

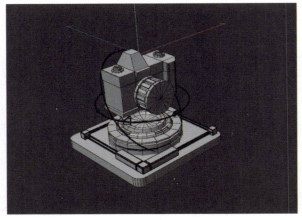

图10-38

10.1.6　模型组合

对5部分模型进行摆放。根据网站的性质，将耳机部分模型放在中心的位置，并适当放大，将其他4个部分摆放在耳机部分模型的一侧。模型之间需要用管道连接，因此需要创建若干样条，同时创建圆环样条，扫描出管道。管道的制作方法在第3章"扫描"一节中已详细介绍，此处不再赘述。下面制作地面。

（1）在场景中创建一个立方体，设置尺寸为（190cm，9cm，190cm），再创建一个"克隆"对象，设置克隆"模式"为"网格"、"数量"为（16，1，15），制作网格地面，如图10-39所示。

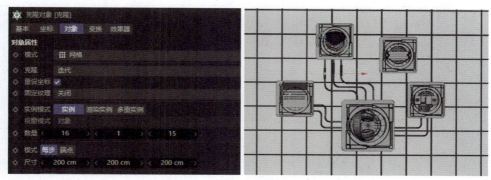

图10-39

（2）切换到透视视图，在场景中创建一个"物理天空"，单击"编辑渲染设置"按钮，在"渲染设置"窗口中单击"效果"按钮，在弹出的菜单中选择"全局光照"和"环境吸收"，单击"渲染到图像查看器"按钮进行渲染，渲染效果如图10-40所示。

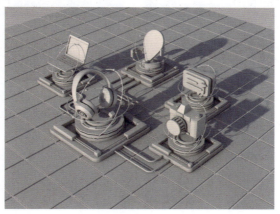

图10-40

10.2　设定场景材质

设定场景材质（1）设定场景材质（2）

本节主要讲解场景中材质的制作，本案例需要制作的材质有科技耳机模型材质、底座模型材质、地面模型材质、照相机模型材质、对话框模型材质、笔记本电脑模型材质、科技位置图标模型材质等。

10.2.1 科技耳机模型材质设定

科技耳机模型材质包括耳罩的材质和耳机连接部分的材质。

（1）新建一个空白材质球，在"颜色"选项卡中，设置"颜色"为（R：253，G：136，B：107）、"亮度"为100%，如图10-41所示。

（2）在"反射"选项卡中，设置反射"类型"为"GGX"、"粗糙度"为5%、"反射强度"为20%、"菲涅耳"为"导体"、"预置"为"金"、"强度"为100%，如图10-42所示。

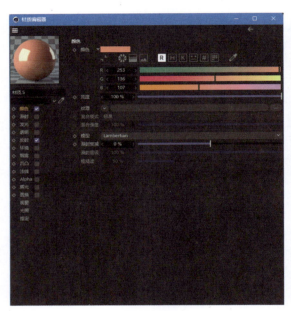
图10-41

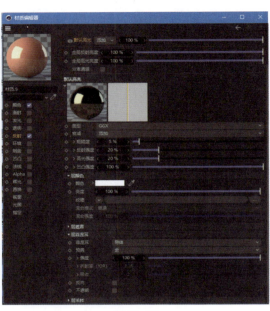
图10-42

（3）将这个橙色材质赋予耳罩、装饰圆环、底座模型的一部分，渲染效果如图10-43所示。

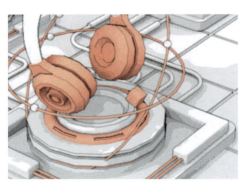
图10-43

（4）新建一个空白材质球，在"颜色"选项卡中，设置"颜色"为（R：39，G：104，B：251）、"亮度"为100%，如图10-44所示。

（5）在"反射"选项卡中，设置反射"类型"为"GGX"、"粗糙度"为5%、"反射强度"为30%、"菲涅耳"为"导体"、"预置"为"钢"，如图10-45所示。

（6）将这个材质赋予耳机连接部分、管道等，效果如图10-46所示。

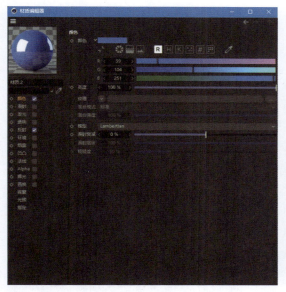

图10-44

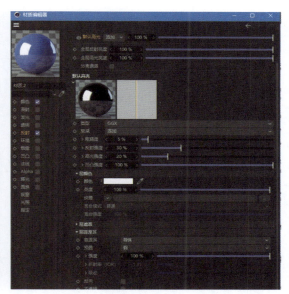

图10-45

图10-46

10.2.2　底座模型材质设定

每一个模型都包含一个底座，底座的材质由白色材质、淡蓝色材质和蓝色玻璃材质组成，下面分别制作。

（1）新建一个空白材质球，在"颜色"选项卡中，设置"颜色"为（R：229，G：237，B：255）、"亮度"为100%，如图10-47所示。

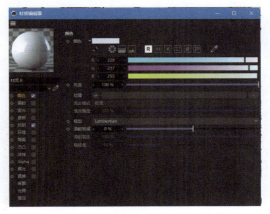

图10-47

（2）在"反射"选项卡中，设置反射"类型"为"GGX"、"粗糙度"为5%、"反射强度"为20%、"菲涅耳"为"导体"、"预置"为"铜"、"强度"为100%，如图10-48所示。

（3）底座模型中间的圆柱体是蓝色玻璃材质。新建一个空白材质球，在"颜色"选项卡中，设置"颜色"为（R：52，G：97，B：226）、"亮度"为100%，如图10-49所示。

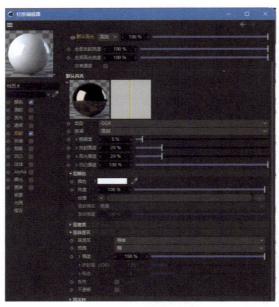

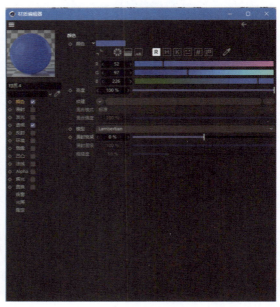

图10-48   图10-49

（4）勾选"透明"，设置"颜色"为（R：59，G：116，B：255）、"亮度"为100%、"折射率"为1.517、"菲涅耳反射率"为100%，如图10-50所示。

（5）设定底座淡蓝色材质。新建一个空白材质球，在"颜色"选项卡中，设置"颜色"为（R：83，G：182，B：246）、"亮度"为100%，如图10-51所示。

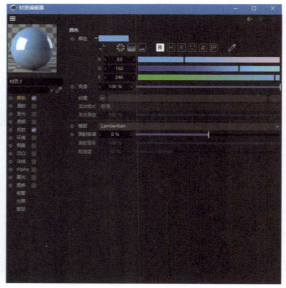

图10-50   图10-51

（6）在"反射"选项卡中，设置反射"类型"为"GGX"、"粗糙度"为5%、"反射强度"为20%、"菲涅耳"为"导体"、"预置"为"金"、"强度"为100%，如图10-52所示。

（7）将白色材质赋予底座的底部，将蓝色玻璃材质赋予底座中间的圆柱体，将浅蓝色材质赋予底座上部的圆柱体等，渲染效果如图10-53所示。

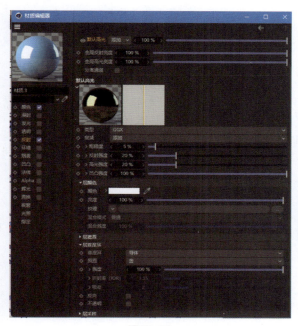

图10-52

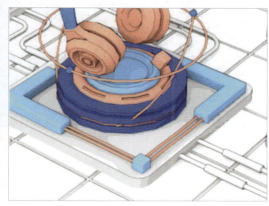

图10-53

10.2.3　地面模型材质设定

地面是创建的一个平面，其颜色为白色，下面对其材质进行设定。

（1）新建一个空白材质球，在"颜色"选项卡中，设置"颜色"为（R：229，G：234，B：240）、"亮度"为100%，如图10-54所示。

图10-54

（2）在"反射"选项卡中，设置反射"类型"为"GGX"、"粗糙度"为5%、"反射强度"为20%、"菲涅耳"为"绝缘体"、"预置"为"沥青"、"强度"为100%，如图10-55所示。

（3）将这个白色材质赋予地面及管道的一部分，此时地面就变成了白色，渲染效果如图10-56所示。

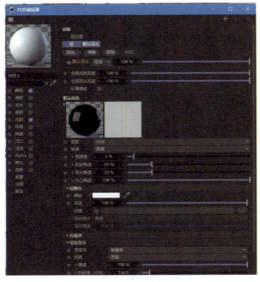

图10-55　　　　　　　　　　图10-56

10.2.4　照相机模型材质设定

照相机模型材质主要包括蓝色金属材质、浅蓝色金属材质，下面进行照相机模型材质的设定。

（1）新建一个空白材质球，这个材质作为照相机的主体材质。在"颜色"选项卡中，设置"颜色"为（R：39，G：104，B：251）、"亮度"为100%，如图10-57所示。

（2）在"反射"选项卡中，设置反射"类型"为"GGX"、"粗糙度"为5%、"反射强度"为30%、"菲涅耳"为"导体"、"预置"为"钢"、"强度"为100%，如图10-58所示。

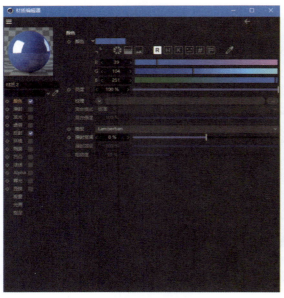

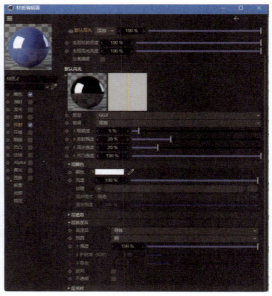

图10-57　　　　　　　　　　图10-58

（3）新建一个空白材质球，将该材质作为镜头材质。在"颜色"选项卡中，设置"颜色"为（R：83，G：182，B：246）、"亮度"为100%，如图10-59所示。

（4）在"反射"选项卡中，设置反射"类型"为"GGX"、"粗糙度"为5%、"反射强度"为20%、"菲涅耳"为"导体"、"预置"为"金"、"强度"为100%，如图10-60所示。

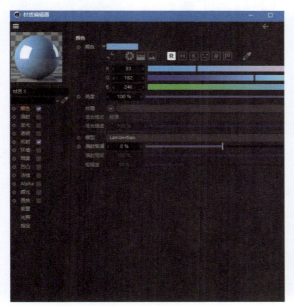

图10-59

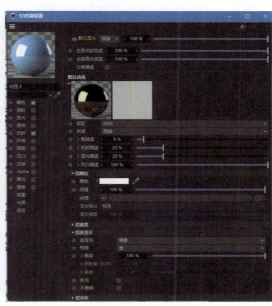

图10-60

（5）赋予材质后，照相机部分模型的渲染结果如图10-61所示。

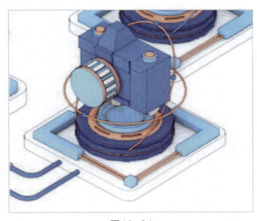

图10-61

10.2.5　对话框模型材质设定

对话框模型材质分为浅蓝色材质、蓝色材质、橙色材质，下面为对话框模型创建材质。

（1）新建一个空白材质球，将该材质作为对话框模型主体材质。在"颜色"选项卡中，设置"颜色"为（R：253，G：136，B：107）、"亮度"为100%，如图10-62所示。

（2）在"反射"选项卡中，设置反射"类型"为"GGX"、"粗糙度"为5%、"反射强度"为20%、"菲涅耳"为"导体"、"预置"为"金"、"强度"为100%，如图10-63所示。

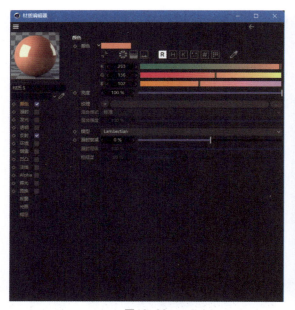

图10-62

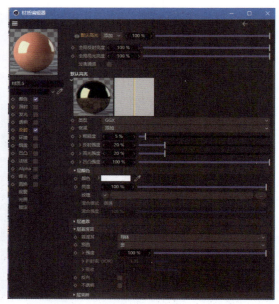

图10-63

（3）新建一个空白材质球，将该材质作为对话框模型最前面的材质。在"颜色"选项卡中，设置"颜色"为（R：39，G：104，B：251）、"亮度"为100%，如图10-64所示。

（4）在"反射"选项卡中，设置反射"类型"为"GGX"、"粗糙度"为5%、"反射强度"为30%、"菲涅耳"为"导体"、"预置"为"钢"、"强度"为100%，如图10-65所示。

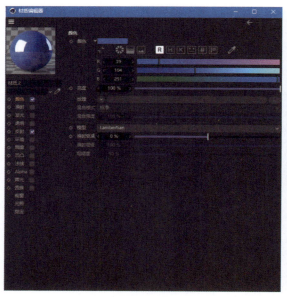

图10-64

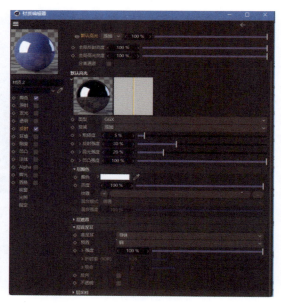

图10-65

（5）将橙色材质赋予其中两个大的对话框和前方的两个长条，浅蓝色材质赋予中间的对话框，蓝色材质赋予最前面的对话框和金字塔模型，如图10-66所示。

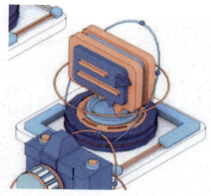

图10-66

10.2.6　笔记本电脑模型材质设定

　　笔记本电脑模型的材质主要由笔记本电脑模型机身的银色金属材质、键盘按键的黑色金属材质以及屏幕的蓝色材质组成，下面分别对这3个材质进行设定。

　　（1）新建一个空白材质球，将该材质作为笔记本电脑模型机身材质。在"颜色"选项卡中，设置"颜色"为（R：171，G：171，B：171）、"亮度"为100%，如图10-67所示。

　　（2）在"反射"选项卡中，设置反射"类型"为"GGX"、"粗糙度"为5%、"反射强度"为40%、"菲涅耳"为"导体"、"预置"为"钢"、"强度"为100%，如图10-68所示。

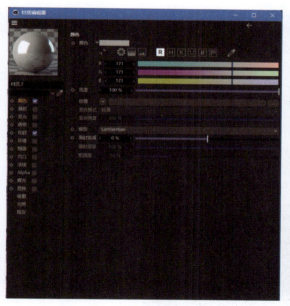

图10-67　　　　　　　　　　　　　　　　图10-68

　　（3）新建一个空白材质球，将该材质作为键盘按键材质。在"颜色"选项卡中，设置"颜色"为（R：66，G：66，B：66）、"亮度"为100%，如图10-69所示。

　　（4）在"反射"选项卡中，设置反射"类型"为"GGX"、"粗糙度"为5%、"反射强度"为20%、"菲涅耳"为"绝缘体"、"预置"为"沥青"、"强度"为100%，如图10-70所示。

　　（5）将银色金属材质赋予笔记本电脑模型的机身，将黑色金属材质赋予笔记本电脑模型的每个键盘按键，将10.2.5小节中制作好的蓝色材质赋予屏幕，最终渲染效果如图10-71所示。

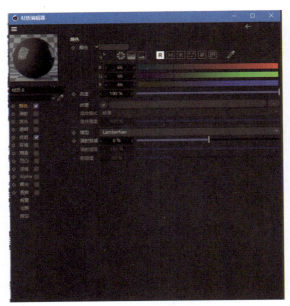

图10-69

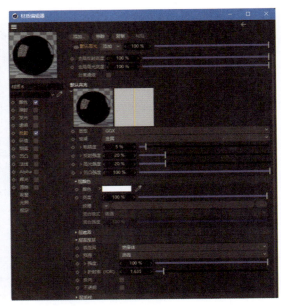

图10-70

图10-71

10.2.7 科技位置图标模型材质设定

科技位置图标模型的材质主要包括蓝色的主体材质、橙色的圆环材质。

（1）新建一个空白材质球，将该材质作为位置图标主体材质。在"颜色"选项卡中，设置"颜色"为（R：39，G：104，B：251）、"亮度"为100%，如图10-72所示。

图10-72

（2）在"反射"选项卡中，设置反射"类型"为"GGX"、"粗糙度"为5%、"反射强度"为30%、"菲涅耳"为"导体"、"预置"为"钢"、"强度"为100%，如图10-73所示。

（3）新建一个空白材质球，将该材质作为位置图标上的圆环材质。在"颜色"选项卡中，设置"颜色"为（R：253，G：136，B：107）、"亮度"为100%，如图10-74所示。

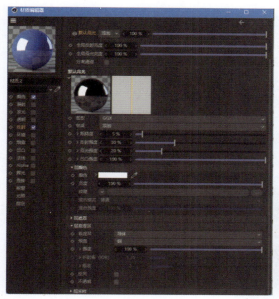

图10-73

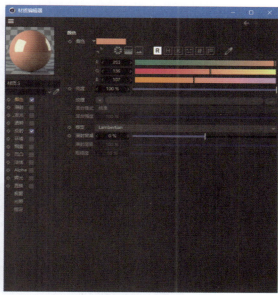

图10-74

（4）在"反射"选项卡中，设置反射"类型"为"GGX"、"粗糙度"为5%、"反射强度"为20%、"菲涅耳"为"导体"、"预置"为"金"、"强度"为100%，如图10-75所示。

（5）给位置图标模型赋予材质，渲染效果如图10-76所示。

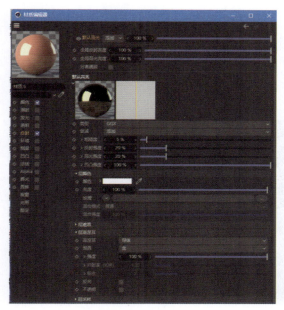

图10-75

图10-76

设定场景环境

10.3 设定场景环境

建模和材质设定完成后，接下来对环境进行设置。本案例采用了较多扁平化设计，对灯光强度的要求不高，因此采用HDR格式的贴图作为光源，进行全局照明。

10.3.1 设定场景HDRI环境

（1）创建一个"天空"，之后新建一个材质，取消勾选"颜色"和"反射"，只勾选"发光"，选中一个室内的HDR格式的贴图，将HDR格式的贴图拖曳到这个材质的"发光"选项卡中的纹理通道中，如图10-77所示。

（2）将上一步创建的材质赋予"天空"对象，单击"渲染到图像查看器"按钮，查看是否有淡淡的光照效果；之后单击"编辑渲染设置"按钮，为场景添加"全局光照"和"环境吸收"效果，如图10-78所示。

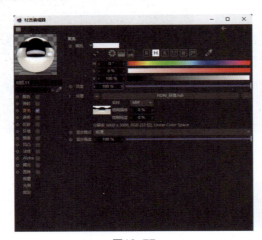

图10-77　　　　　　　　　图10-78

10.3.2 添加素描卡通效果

（1）单击"编辑渲染设置"按钮，在"渲染设置"窗口中单击"效果"按钮，在弹出的菜单中选择"素描卡通"，为场景添加素描卡通的渲染效果，将"粗细缩放"调整为47%，如图10-79所示。

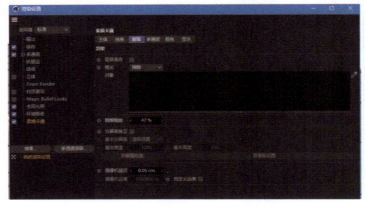

图10-79

（2）添加素描卡通效果后，材质面板中会出现"素描材质"材质球，双击这个材质球，打开"材质编辑器"窗口，在"粗细"选项卡中调整"粗细"为1，如图10-80所示。

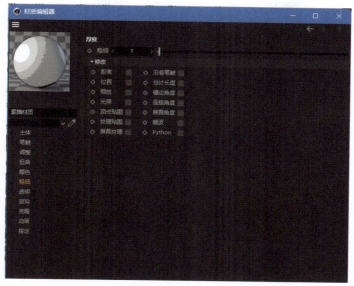

图10-80

10.4　场景渲染

在渲染场景之前，需要选择一个合适的角度，因此需要创建一个摄像机，调整摄像机参数和渲染参数。

（1）在场景中新建一个摄像机。在摄像机的"对象"选项卡中，调整"焦距"为300，此时为等距视图。在对象面板中单击摄像机旁边的线框标签，让视图变为摄像机视图，如图10-81所示。

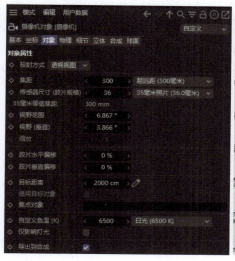

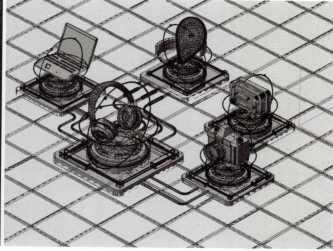

图10-81

（2）单击"渲染到图像查看器"按钮，对场景进行渲染，最终的渲染效果如图10-82所示。

图10-82

10.5 Photoshop后期处理

由于本案例设计的是一个网站B端登录界面，因此最后渲染出的图片不能直接放在网页中，需要将其作为元素添加至网页设计的元素当中。

（1）启动Photoshop，新建一个画布，尺寸设定为"Web"下的"大网页"，分辨率设为1920像素×1080像素，如图10-83所示。

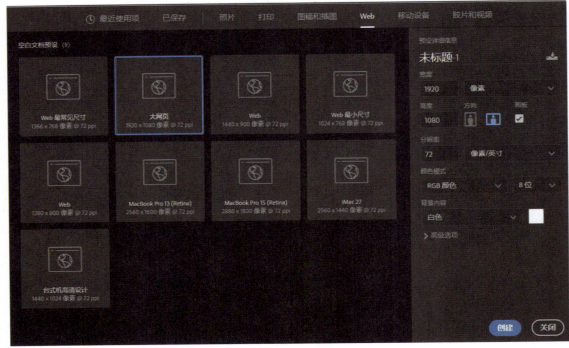

图10-83

（2）选择"渐变工具"，在画布上拖曳进行渐变色填充，将起始的颜色设置为#1667fb，将终止的颜色设置为#3daafd，如图10-84所示。

图10-84

（3）在场景中绘制一个圆角矩形，并将渲染好的场景图片拖到圆角矩形靠右的位置，如图10-85所示。

图10-85

（4）在圆角矩形左上角添加LOGO文字，读者可根据要求设置，给文字添加"投影"效果，参数保持默认设置。在圆角矩形顶部添加导航栏，按图10-86所示进行设置，淡蓝的颜色值为#58a6fd，深蓝色的颜色值为#2d2b72。

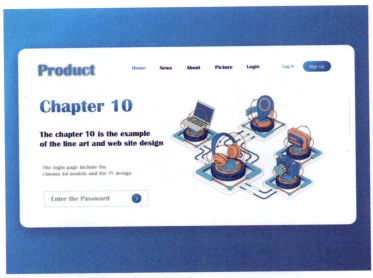

图10-86

10.6 本章小结

　　本章完整地讲解了一个科技风格网站B端登录界面的视觉设计过程，包括建模、材质设定、环境设定、场景渲染、后期的网页设计等。通过本章的学习，读者可以掌握多边形建模工具的使用方法、材质的设定方法、环境的设置方法等，对今后制作类似的案例有帮助。